Zu diesem Buch

Der literarische Naturalismus, zu dessen Vorläufern und zugleich ersten Höhepunkten Romane wie «Germinie Lacerteux» (1864) der Brüder Edmond und Jules de Goncourt sowie Émile Zolas «Thérèse Raquin» (1867) und «Der Totschläger» (1877) gehören, wird von den Zeitgenossen nach einer Phase gesellschaftlicher und künstlerischer Stagnation als neuer Sturm und Drang empfunden. Wie schon die Aufklärung und die Romantik entwickelt sich auch der Naturalismus zu einer europäischen Bewegung, die um die Jahrhundertwende selbst in der nordamerikanischen Literatur Spuren hinterläßt.

Seinen thematisch brisanten Zündstoff erhält der Naturalismus aus der fortschreitenden Industrialisierung, der Bevölkerungsexplosion in den Großstädten und der damit einhergehenden Verschärfung der sozialen Widersprüche. Während die Brüder de Goncourt diesen Aspekt weitgehend ausklammern und eher psychopathologische Porträts entwerfen, wendet sich Zola konsequent der sozialen Frage zu. Einen starken Einfluß auf den zuerst in Frankreich entstehenden neuen Gesellschaftsroman üben Dostojewski und Tolstoi aus; die Erneuerung auf dem Theater leiten Ibsen, Björnson und Strindberg ein.

In der spanischen Literatur zählt Vicente Blasco Ibañez, der wegen seiner politischen Tätigkeit für die Republikaner 1890 nach Paris fliehen muß und sich dort mit der heftig diskutierten Strömung vertraut macht, zu den bedeutendsten Protagonisten des Naturalismus. Als letzter seiner sogenannten «regionalistischen» Romane erscheint 1902 «Sumpffieber», ein Werk, das vor der Szenerie einer beklemmenden Sumpflandschaft dunkel und faszinierend die Zerstörungskraft seelenloser Leidenschaften gestaltet. Blasco Ibañez hat diesen dramatischen Roman als seinen künstlerisch gelungensten bezeichnet.

Das Reisanbaugebiet vor Valencia: Neleta, ein lockeres, genußsüchtiges Mädchen, heiratet den wohlhabenden Cañamel, während Tonet, ihr ehemaliger Geliebter, den Militärdienst auf Kuba ableistet. Als er zurückkehrt, flammt die alte Liebe zwischen ihnen wieder auf; Neleta lebt von nun an im ständigen Ehebruch bis zum Tod ihres Mannes. Obwohl es jetzt an der Zeit wäre, sich zu Tonet zu bekennen, zieht sie die vielversprechende Erbschaft einer Ehe mit Tonet vor. Von ihrem künftigen Reichtum verblendet, geht Neleta noch weiter: Sie überredet Tonet, ihr gemeinsames Kind zu töten. Nachdem Tonet die Tat begangen hat, findet er keine Ruhe mehr. Er wird sich seiner Schuld bewußt und sühnt sie: Man entdeckt eine Leiche im Schlamm, in der Brust zwei Schüsse. «Eine spanische Dorfgeschichte, geschrieben mit jener Farbigkeit und Plastik, die Blasco Ibañez so kultiviert hat. Köstlich und erschütternd zugleich.» BERLINER TAGEBLATT

Rowohlt Jahrhundert

Herausgegeben von Bernd Jentzsch
Band 53

Vicente Blasco Ibañez

SUMPF-FIEBER

Roman

Aus dem Spanischen
übersetzt von
Otto Albrecht van Bebber

Rowohlt

Titel der spanischen Originalausgabe:
Cañas y barro

Veröffentlicht im Rowohlt Taschenbuch Verlag GmbH,
Reinbek bei Hamburg, Juli 1989
Dem Text liegt folgende Ausgabe zugrunde:
Büchergilde Gutenberg, Berlin 1929
Berechtigte Übertragung aus dem Spanischen
von Otto Albrecht van Bebber

Umschlaggestaltung Peter Wippermann
(Foto des Autors: Keystone)
Satz Garamond (Linotron 202)
Gesamtherstellung Clausen & Bosse, Leck
Printed in Germany
1480-ISBN 3 499 40053 7

ZWISCHEN HOHEM DICKICHT FOLGTE er allen Windungen des schmalen Kanals, und als sein Boot, frei von jedem Gewicht, endlich in die offene Albufera hinausstieß, atmete er auf. Am Horizont lag der bläuliche Streifen des anbrechenden Tages. Gleich darauf streckte sich Tonet auf dem Boden seines Fahrzeugs aus und versank in jenen todesähnlichen Schlaf, der auf die großen Nervenkrisen folgt und fast immer nach einem Verbrechen eintritt.

Wie an jedem Nachmittag verkündete die Postbarke ihre Ankunft in Palmar durch verschiedene Hornstöße. Der Barkenführer, ein mageres Männchen mit einem amputierten Ohr, holte, von Tür zu Tür gehend, Aufträge für Valencia ein, und wenn er die unbebauten Stellen der einzigen Dorfstraße erreichte, tutete er von neuem, damit auch die am Rand des Kanals verstreuten Hütten seine Anwesenheit erführen. Eine Herde halbnackter Kinder folgte ihm mit einer gewissen Bewunderung – er flößte ihnen Respekt ein, dieser Mann, der viermal täglich die Albufera* kreuzte, um die besten Fische des Sees nach Valencia mitzunehmen und von dort die tausend Artikel einer Stadt zu bringen, der für diese auf einer Insel von Schilf und Schlamm aufwachsenden Kleinen etwas Geheimnisvolles und Phantastisches anhaftete.

Aus der Taverne des Cañamel**, dem ersten Etablissement Palmars, kam eine Gruppe von Schnittern, ihren Sack auf dem Rücken, die auf der Barke die Heimfahrt antreten wollten, und von überall eilten neugierige Frauen zum Kanal, den Hütten und zum Aufbewahren der Aale bestimmte Fischkasten umsäumten.

* Küstensee, Haff südl. von Valencia.
** Dialektform von *Caña de miel*: Zuckerrohr.

In dem toten, wie Zinn blitzenden Wasser lag reglos die Postfähre: ein großer Sarg, mit Leuten und Bündeln derart beladen, daß der Rand kaum aus dem Wasser ragte. Ihr dreieckiges, flickenbesätes Segel krönte ein farbloser Lappen, einstmals eine spanische Flagge, der den offiziellen Charakter des alten Fahrzeugs kundtat.

Ein unerträglicher Geruch verbreitete sich um das Boot herum. Seine Bretter waren vollgesogen von dem Schleim der Aalkörbe und dem Schmutz Hunderter von Menschen, ein Übelkeit erregendes Gemisch von schlüpfrigen Häuten, Fischschuppen und von unsauberen Kleidern, deren ewiges Scheuern das Holz der Bänke allmählich poliert hatte.

Die Passagiere, in ihrer Mehrzahl Schnitter, die von Perello kamen, dem an das Meer grenzenden Ende der Albufera, skandalierten:

«Los! Die Fähre ist voll, es geht niemand mehr herein!»

So war es. Doch das Männchen drehte ihnen, als wollte es ihr Geschrei nicht hören, seinen unförmigen Ohrstumpf zu und fuhr bedächtig fort, die ihm vom Ufer gereichten Körbe und Säcke unterzubringen. Jedes neue Stück forderte neuen Einspruch heraus; immer mehr mußten sich die Fahrgäste zusammendrängen. Die Nachzügler aus Palmar jedoch nahmen die Flut grober Worte mit evanglischen Betrachtungen auf:

«Nur ein bißchen Geduld! Im Himmel werdet ihr später so viel Platz haben!» Noch tiefer sank die Barke ein, ohne daß ihr an verwegene Fahrten gewohnter Führer die geringste Unruhe gezeigt hätte. Jeder Fleck war besetzt, zwei Männer standen, die Hände am Mast angeklammert, auf dem Außenbord; ein anderer hockte wie eine

Galionsfigur auf dem Bug. Und nochmals ließ der Führer sein Horn ertönen, unempfindlich gegen den allgemeinen Protest. «Cristo! Hat dieser Gauner noch nicht genug? Sollen wir uns hier den ganzen Nachmittag von der Sonne schmoren lassen?»

Plötzlich wurde es still. Am Kanal entlang näherte sich ein von zwei Frauen gestützter Mann, ein weißes, bebendes Gespenst, eingehüllt in eine wollene Bettdecke. Die Wasser schienen in der Hitze dieses Sommertages zu kochen; jeder auf der Barke schwitzte und machte verzweifelte Anstrengungen, um sich von dem klebenden Kontakt der Nachbarn zu befreien, und dieser Mann zitterte, klapperte vor Kälteschauern mit den Zähnen, als wäre die Welt für ihn in eisige Nacht versunken. Die beiden Frauen baten, ihm, der sich beim Reisschneiden die verfluchte *Terciana** der Albufera geholt hatte, ein Plätzchen zu gönnen.

«Ihr seid doch Christen? Aus Barmherzigkeit!»

Und seine zitterige Stimme wiederholte wie ein Echo:

*«Per caritat! Per caritat!»***

Gehoben und gestoßen kam er aufs Boot, ohne daß die egoistische Menge Platz machte, und da er keinen Sitzplatz fand, ließ er sich zwischen die Beine der Fahrgäste gleiten, mit dem Kopf auf ihren lehmbedeckten Hanfsandalen. Man war an dergleichen Szenen gewöhnt. Dieses Fahrzeug diente für alles: brachte Nahrung, führte ins Hospital und führte zum Kirchhof. Starb ein Armer, der kein eigenes Boot besaß, so wurde der Sarg unter eine Bank geschoben, und man lachte und plauderte, mit den

* Fieber.
** Aus Mitleid.

baumelnden Füßen an die düstere Kiste klopfend, gleichmütig weiter.

Der Fieberkranke hatte sich kaum versteckt, da brach die Empörung wieder los.

«Worauf wartet der Ohneohr denn nur? Fehlt noch jemand?»

Doch über alle Gesichter breitete sich ein freundliches Lächeln, als jetzt ein Paar aus der Taverne heraustrat.

«Ah, der Onkel Paco! Der Onkel Paco Cañamel!»

Der Besitzer der Taverne, ein Riese mit aufgeschwemmtem Bauch, kam, wie ein Kind leise vor sich hin jammernd, Schrittchen für Schrittchen näher, wobei er sich fest auf seine Frau stützte, die kleine Neleta, mit dem rebellischen roten Haar, deren muntere grüne Augen weich wie Samt zu liebkosen schienen. Dieser Cañamel! Ständig krank, ständig seufzend, während seine Frau, täglich hübscher und liebenswürdiger, von ihrem Büfett aus über ganz Palmar und die Albufera herrschte. Woran er litt, das war die Krankheit der Reichen: zu viel Geld und zu gutes Leben. Man brauchte nur seinen Wanst und das rosige Gesicht anzusehen, in dessen Speckfalten die kleine Nase und die Augen ertranken. Ah, wenn er sich, bis zur Hüfte im Wasser stehend, das tägliche Brot mit Reisschneiden verdienen müßte, würde es ihm nicht einfallen, krank zu sein!

Mühsam setzte Cañamel, ohne Neleta loszulassen, einen Fuß auf die Barke und brummelte gegen diese Leute, die sich über sein Leiden lustig machten, ihm aber nichtsdestoweniger mit einer Dienstbeflissenheit, wie sie auf dem Land dem Reichen gegenüber üblich ist, einen Sitzplatz einräumten, während seine Frau durchaus nicht schüchtern den Komplimenten über ihr gutes Aussehen die Stirn bot.

Sie half ihrem Mann einen großen Sonnenschirm aufzuspannen, stellte für eine Reise, die kaum drei Stunden währte, einen Binsenkorb mit Proviant zwischen seine Füße und wandte sich schließlich an den Barkenführer:

«Gebt gut acht auf meinen armen Paco! Es geht ihm schlecht; er soll eine Zeitlang in seinem Landhäuschen in Ruzafa verbringen, wo ihn gute Ärzte behandeln werden.» Dabei streichelte sie den stöhnenden Giganten, dessen wabbliges Fleisch beim ersten Schwanken des Bootes wie Gallert erzitterte. Der Führer stemmte die ungefüge Stange zum Staken gegen das Ufer, und schwerfällig begann das Fahrzeug den Kanal entlangzugleiten. Sein Bug, vor dem die Enten flügelschlagend zur Seite stoben, trübte den Wasserspiegel, der die auf dem Kopf stehenden Hütten, die schwarzen Kähne und die strohgedeckten Fischkasten widerspiegelte, deren Enden Holzkreuze schmückten, als wollte man die Aale drinnen dem göttlichen Schutz und Schirm anvertrauen.

Sobald die Postbarke aus dem Kanal heraus war, suchte sie sich ihren Weg zwischen den Reispflanzungen, ungeheuren, mit bronzefarbenen Ähren bedeckten Inseln aus flüssigem Schlamm. Die Sichel in der Hand, plantschten Schnitter durch das Wasser, denen die Nachen, schwarz und schmal wie Gondeln, folgten, um die Garben zu sammeln und nach den Tennen zu schaffen. Inmitten dieser aquatischen Vegetation erhoben sich hie und da die kleinen weißen, von Schornsteinen überragten Gebäude für die Maschinen, die je nach Erfordernis die Felder trockenlegen oder überschwemmen konnten.

Die hohen Ufer verbargen das Netz der Kanäle, breite Gassen, wo die mit Reis beladenen Barken fuhren. Ihr Rumpf blieb unsichtbar, und die großen dreieckigen Segel glitten über dem Grün der Felder hin, als machten sie ihren Weg auf festem Land.

Mit Kenneraugen betrachteten die Fahrgäste die Pflanzungen, gaben ihre Meinungen über die Ernte ab und bedauerten das Unglück des Bauern, dem Salpeter den Reis vernichtet hatte.

Weiter schob sich die Fähre durch stille Wasserarme mit dem goldgelben Ton des Tees. Vom Grund aufstrebende Pflanzen neigten ihren Haarschweif unter dem Druck des Kiels. Das Schweigen der regungslosen Gewässer vergrößerte jeden Laut, und wenn die Unterhaltung zeitweise aussetzte, hörte man deutlich das mühsame Atemholen des Fieberkranken am Boden, das asthmatische Schnaufen Cañamals, das Knirschen von Masten und Stimmen auf unsichtbaren Booten, die sich vor den Krümmungen der Kanäle ankündigten, um einen Zusammenstoß zu vermeiden.

Der Barkenführer ließ die Stange für einen Moment im Stich, hüpfte auf den Knien der Fahrgäste zum Heck und machte das Segel los. Die schwache abendliche Brise sollte ihm helfen.

Man war am See angelangt, und der Horizont erweiterte sich. Auf einer Seite die dunkle Wellenlinie der Pinien der Dehesa*, die die Albufera vom Meer trennt, fast jungfräulicher, sich meilenweit hinziehender Wald, in dem die wilden Stiere weiden und in dessen Schatten die großen Schlangen leben, von wenigen gesehen, aber das gruselige Thema der Unterhaltungen an Winterabenden. Auf der anderen Seite floß die unendliche Fläche der Reisfelder hinter Sollana und Sueca mit den fernen Bergen zusam-

* Viehweide; in Südspanien auch: gelichteter Wald.

men. Die Sicht geradeaus war noch durch Inselchen verdeckt, zwischen denen die Barke, das Röhricht mit dem Segel streifend, sich vorsichtig hindurchwand. Strähnen dunkler Pflanzen, gallertartige, klebrige Fühlfäden, stiegen bis zur Oberfläche und wickelten sich um die Stange des Führers, und vergeblich sondierte man diese faulige Vegetation, in der es von den Tieren des Schlammes wimmelte. In aller Augen konnte man denselben Gedanken lesen: wer hier hineinfiel, kam schwerlich wieder heraus.

Durch die binsenbesetzten Tümpel am Strand patschte gemächlich eine weidende Stierherde. Einige Tiere waren zu den nächsten Inselchen geschwommen, wo sie, zwischen dem Röhricht bis zum Bauch im Morast versunken, träge wiederkäuten. Ab und zu zogen sie schwerfällig einen Huf aus dem laut schwappenden Sumpf. Es waren große, schmutzige Tiere mit krustenbedecktem Rücken, riesigen Hörnern und ständig sabberndem Maul. Wild hoben sie den massigen Kopf nach der Barke, wobei eine Wolke dicker Moskitos aufschwärmte, um sich gleich darauf von neuem auf dem faltigen Nacken niederzulassen.

Ein Stückchen weiter kauerte auf einer Anhöhe, die nichts anderes war als eine schmale Schlammzunge zwischen zwei Wasserflächen, ein Mann.

«Es ist Sangonera*!» riefen die Leute von Palmar, «der Säufer Sangonera!» Und ihre Hüte schwenkend fragten sie ihn, wo er den Rausch erwischt hätte und ob er dort zu schlafen gedächte.

Sangonera machte keine Bewegung. Da ihm aber schließlich das Geschrei doch lästig wurde, erhob er sich, drehte der Barke den Rücken zu und versetzte sich zum

* Blutegel.

Zeichen seiner Verachtung ein paar Kläpse auf den Hosenboden.

Das Gelächter auf der Fähre verdoppelte sich, als er aufstand. Ein wunderlicher Anblick! Seinen Hut krönte ein großer Feldblumenstrauß; auf die Brust herunter hing ein Gewinde von Glockenblumen, und ein anderes schlang sich um seine Taille.

Ah, tüchtiger Sangonera! Es gab keinen zweiten wie ihn in den Dörfern am See. Er hatte sich fest vorgenommen, nicht zu arbeiten wie die anderen Männer, denn Arbeit, sagte er, sei eine Beleidigung Gottes. Dafür verbrachte er den Tag auf der Suche nach einer guten Seele, die ihn zum Trinken einlüde. Er betrank sich in Perello, um in Palmar zu schlafen; soff in Palmar, um am nächsten Morgen in Saler aufzuwachen. Und feierten die Dörfer an der Küste des Festlandes ihre Schutzheiligen, so suchte er auch in Silla oder Catarroja irgend jemandes habhaft zu werden, der in der Albufera Reis baute. Ein Wunder, daß sein Leichnam noch nicht in einem der Kanäle aufgetaucht war, nach so vielen Fußmärschen über den See, total betrunken den Grenzscheiden der Reisfelder, schmal wie der Rücken einer Axt, folgend, bis zur Brust im Wasser durch die Schleusen der Kanäle und quer über die Stellen von Saugschlamm stolpernd, die niemand, außer im Boot, zu passieren wagte. Die Albufera war sein Haus. Sein Instinkt als Sohn des Sees holte ihn aus jeder Gefahr heraus, und manche Nacht tauchte er, um ein Glas Wein zu erbetteln, in Cañamels Taverne auf mit dem schleimigen Kontakt und dem Schlammhauch eines wirklichen Aals.

«Dieser Schamlose! Wie oft habe ich ihm nicht mein Lokal verboten!» grunzte Cañamel, während die Leute sich weiter über die Manie des Vagabunden amüsierten, sich mit Kränzen zu schmücken, sobald in seinem hungrigen Magen die Gärung des Weins anfing.

Man stieß in den See hinaus. Zwischen zwei Röhrichtmassen, ähnlich den Wellenbrechern eines Hafens, zeigte sich eine weite, glitzernde, bläuliche Wasserfläche: der Lluent, die wahre Albufera mit ihren verstreuten Inseln, den Zufluchtsstätten des von den Jägern Valencias so verfolgten Federwildes. Jetzt segelte die Barke an der Dehesa entlang, wo gewisse unter Wasser stehende Moräste sich langsam in Reisfelder verwandelten.

In einer kleinen, von schmalen Lehmwällen eingefaßten Lagune schüttete ein kräftig gebauter Mann die in seinem Kahn aufgestapelten Binsenkörbe aus. Es war Toni, der Sohn des alten Paloma, der es sich in den Kopf gesetzt hatte, Grundbesitzer zu werden, Reisfelder sein eigen zu nennen, nicht vom Fischfang zu leben wie sein Vater, dem ältesten Kahnfischer vom See; und ganz allein, denn die Seinigen wurden müde angesichts der Größe dieser Arbeit, mühte er sich ab, den tiefen Tümpel mit Erde zu füllen, die er von weither anfahren mußte.

Eine Arbeit von Jahren, vielleicht die eines ganzen Lebens, für einen Mann allein! Sein Vater machte sich über ihn lustig; der eigene Sohn Tonet, der Kubaner, streikte, wenn er bisweilen half, nach wenigen Tagen. Aber Toni setzte mit unerschütterlichem Glauben sein Werk fort, nur unterstützt von Borda, einen von seiner verstorbenen Frau angenommenen Findelkind, das, schüchtern gegen jedermann, bei der Arbeit die gleiche Zähigkeit wie er selbst an den Tag legte.

«Salud, Onkel Toni! Hoffentlich gibt's bald die erste Reisernte!»

Doch nur für einen Moment hob der hartnäckige

Froner den Kopf, um für die Wünsche der Fahrgäste zu danken.

Nicht weit von ihm entfernt legte der alte Paloma an einer Reihe von Pfählen Netze aus, die er am nächsten Tag aufholen wollte, und sogleich begann auf der Postbarke die Diskussion, ob er näher an neunzig oder an hundert Jahren wäre.

Was hatte dieser Mann nicht erlebt, obwohl er nie aus der Albufera herausgekommen war! Mit was für Persönlichkeiten hatte er nicht verkehrt! Und voll Behagen erzählten sie sich seine frechen, von der Leichtgläubigkeit des Volkes noch übertriebenen Vertraulichkeiten mit dem General Prim, dem er bei seinen Jagden auf dem See als Bootsführer diente, und seine Grobheiten gegenüber großen Damen, ja sogar Königinnen. Ohne von der Barke Notiz zu nehmen, beugte sich der Alte über seine Netze und zeigte nichts als die großkarierte Bluse und die schwarze, bis auf die eingeschrumpften, weit abstehenden Ohren gezogene Mütze.

Der Wind frischte auf. Stoßweise blähte sich das Segel, und die überladene Barke stellte sich so schräg, daß die auf dem Bord sitzenden Leute naß wurden. Am Bug sang das ungestüm geteilte Wasser mit immer stärkerem Gluck-Gluck: man war mitten in dem ungeheuren Lluent, blau und poliert wie ein venezianischer Spiegel, auf dessen Grund die Wolken als Flocken weißer Wolle wanderten. Einige von ihren Hunden gefolgte Jäger am Strand der Dehesa marschierten im Wasser auf dem Kopf, und die fernen Dörfer der Küste schienen auf der blanken Fläche zu schwimmen.

Doch der ständig stärker wehende Wind veränderte die Oberfläche der Albufera. Der See nahm die Farbe des

Meeres an, sein Grund verbarg sich, und der mehr und mehr fühlbare Wellengang warf auf den dickkörnigen Muschelsand des Strandes gelblichen Schaum, in der Sonne schillernde Seifenblasen.

Am Steuer rauschte das Wasser hoch, und in schneller Folge glitten die Hügel der Dehesa mit den Hütten der Feldhüter vorbei, die dichten Vorhänge des Buschwerks, die Gruppen gekrümmter Pinien in den grausigen Verzerrungen gefolterter Glieder. Um die Barke herum schwammen zwei dunkelgefiederte Taucher, die endlose Zeit unter Wasser blieben. Näherte sich die Fähre einer der großen Inseln, so flogen Schwärme von Wasserhühnern und Krickenten auf, langsam, als ahnten sie, daß friedliche Menschen kamen.

«Prachtvoller Schuß!» äußerten die Männer an Bord begeistert. «Warum ist es uns armen Teufeln verboten, auf all dies Federvieh Jagd zu machen?» Und während sie weiter murrten, klang vom Boden herauf das Stöhnen des Fieberkranken und das Seufzen Cañamels, der sich kindisch über die Strahlen der sinkenden Sonne beklagte, die unter seinen Schirm glitten.

Zwischen dem zum Meer fliehenden Wald und der Albufera öffnete sich jetzt eine weite Ebene, deren wilde Vegetation dann und wann durch die metallene Platte kleiner Lagunen zerrissen wurde.

Eine Ziegenherde weidete im Gestrüpp unter der Obhut eines Hirtenknaben, und sein Anblick weckte bei den Kindern der Albufera die Erinnerung an die Legende, von welcher der Name der Ebene herrührte.

«Die Pampa der Sancha!» sagten die Frauen in ängstlichem Ton, worauf ein Fischer den neugierig gewordenen fremden Reisschnittern bereitwilligst die Geschichte erzählte, die jedem Einheimischen von Kindesbeinen an vertraut war.

Ein junger Hirte wie der, der dort am Ufer stand, weidete zu anderen Zeiten seine Ziegen auf dieser selben Stelle. Aber das war vor vielen, vielen Jahren, so vielen, daß keiner der Greise, die noch in der Albufera leben, den Hirten gekannt hatte, nicht einmal der alte Paloma.

Wie ein Wilder hauste der Junge in der Einsamkeit, und die Fischer auf dem See hörten an stillen Tagen häufig seinen Ruf:

«Sancha! Sancha!»

Sancha war eine kleine Schlange, die einzige Freundin, die ihn begleitete. Sobald er rief, kam sie herbei, und der Hirte melkte seine beste Ziege, um ihr einen Napf Milch anzubieten. Dann schnitt er sich Rohr zu einer Schalmei und spielte sanfte Weisen, während die Schlange zu seinen Füßen sich aufrichtete, den Körper wiegend, als wollte sie zum Takt der weichen Töne tanzen. Andere Male unterhielt er sich damit, ihre Ringe auseinander zu winden und sie in einer geraden Linie auf den Sand zu legen, denn der nervöse Ruck, mit dem die Schlange sich sofort wieder zusammenrollte, machte ihm Vergnügen. Trieb er seine Herde nach einer anderen Stelle der großen Pampa, so folgte ihm Sancha wie ein Schoßhund oder ringelte sich an seinen Beinen aufwärts bis zum Hals, wo sie regungslos, erstarrt, liegenblieb, die diamantenen Augen ihres dreieckigen Kopfes fest auf die seinigen gerichtet, den Flaum seines Gesichts mit ihrem Hauch kosend.

Die Leute hielten ihn für einen Hexenmeister, und mehr als eine der im Wald Holz stehlenden Frauen bekreuzigte sich, wenn er mit Sancha um seinen Hals auftauchte. Es war ihnen allen sehr verständlich, daß der Hirt ohne

Furcht vor den großen Reptilien, von denen das Dickicht wimmelte, im Freien schlief: Sancha, die der Teufel selbst sein mußte, beschützte ihn vor jeder Gefahr.

Die Schlange wuchs, und der Knabe hatte sich zum Mann entwickelt, als die Bewohner der Albufera ihn plötzlich nicht mehr sahen. Später erfuhr man, daß er Soldat geworden war und an den Kriegen in Italien teilnahm.

Keine andere Herde suchte die wilde Pampa auf, und auch den Fischern, die am Strand anlegten, behagte es nicht, sich zwischen die hohen Binsen am Rand der trägen Lagunen zu wagen. In Ermangelung der Milch, mit der sie der Hirte gelabt hatte, mußte Sancha die unzähligen Kaninchen der Dehesa verfolgen.

Acht oder zehn Jahre verflossen, und eines Tages bemerkten die Einwohner von Saler auf dem Weg von Valencia einen dürren, zitronengelben Grenadier mit weißem Rock, roten Pumphosen und schwarzen Gamaschen bis übers Knie; doch der mächtige Schnurrbart hinderte nicht das Wiedererkennen. Der Hirte war zurückgekommen, von dem Wunsch getrieben, das Land seiner Kindheit wiederzusehen.

Den See umgehend, schlug er den Pfad zum Wald ein und gelangte mittags zu der einsamen Pampa, dem alten Weideplatz seiner Ziegen. Nichts regte sich. Leise surrend spielten Libellen über dem schweigenden Schilf, während die Frösche, entsetzt über die Nähe des Grenadiers, in die grünüberzogenen Tümpel klatschten.

«Sancha! Sancha!» lockte sanft der frühere Hirt.

Vollkommene Stille. Nur vom See herüber drang das schläfrige Lied eines Fischers.

«Sancha! Sancha!» rief er mit aller Kraft.

Und als er den Ruf viele Male wiederholt hatte, sah er,

wie das Gebüsch sich bewegte, vernahm er das Knacken von brechendem Rohr: zwischen den Binsen blitzten zwei Augen in Höhe der seinigen. Unstet spielte in dem abgeplatteten Kopf die gespaltene Zunge, und ein grauenhaftes Zischen ertönte, das sein Blut gefrieren ließ. Es war Sancha, aber riesig, prachtvoll. Mannshoch hatte sie den bunten Leib, dick wie ein Pinienstamm, emporgereckt, dessen nachschleifender Schwanz sich im Gebüsch verlor.

«Sancha!» schrie der Soldat und wich ängstlich zurück. «Wie bist du gewachsen!»

Er versuchte zu fliehen. Doch die alte Freundin – nach dem ersten Staunen schien sie ihn wiederzuerkennen – wickelte sich um seine Schultern, schloß ihn in einen unter nervösen Zuckungen vibrierenden Ring.

Der Mann machte verzweifelte Anstrengungen.

«Laß los, Sancha! Laß los! Du bist zu groß für diese Spielerei!»

Ein neuer Ring fesselte seine Arme. Und wie in früheren Zeiten koste der Hauch der Schlange sein Gesicht. Enger umschnürten ihn die Ringe, immer enger, bis seine Knochen krachten, bis er, in der Rolle bunter Reifen erstickt, auf die Erde fiel.

Tage später fanden Fischer seinen Leichnam: eine unförmige Masse Fleisch, blauschwarz angelaufen unter Sanchas unwiderstehlichem Druck.

So starb der Hirte, ein Opfer der Umarmung seiner alten Freundin.

Den Reisschnittern auf der Barke entlockte diese tragische Legende nur ein spöttisches Lachen, aber die Frauen bewegten unruhig ihre Füße, als sei das, was sich stöhnend am Boden wälzte, die an Bord geschlüpfte Sancha.

Inzwischen war man am Ende des Sees angelangt.

Wieder drang die Postfähre in ein Netz von Kanälen ein, und fern, sehr fern hoben sich über der ungeheuren Reisfläche die Häuser Salers ab, des Valencia am nächsten liegenden Dörfchens der Albufera, mit seinem von unzähligen Kähnen und großen Barken vollgestopften Hafen, deren unbehauene Masten, geschälten Pinien gleichend, den Horizont verdeckten.

Der Abend kam.

Die Fahrt verlangsamte sich in dem toten Wasser des Kanals, und als dunkle Wolke huschte der Schatten des großen Segels über die Reisstauden, die die letzten Sonnenstrahlen rötlich färbten.

Unaufhörlich stakten heimkehrende Leute im winzigen schwarzen Nachen vorbei, dem Pferd dieser Bauern, mit dem jeder Angehörige des im Wasser und vom Wasser lebenden Stammes von klein auf umzugehen verstand, war er doch unentbehrlich für die Arbeit auf den Feldern, für den Besuch beim Nachbarn, für die Gewinnung des täglichen Brotes. Frauen, alte Männer, Kinder gebrauchten, aufrechtstehend, mit gleicher Geschicklichkeit die lange Stange, um diesen Holzschuh, der nur fingerbreit aus dem Wasser ragte, in flinker Fahrt zu halten.

Ab und zu waren in die Uferdämme Breschen geschlagen, durch die sich ohne Geräusch oder Bewegung das unter einer Decke von glitschigem Grün schlafende Wasser des Kanals auf die Felder ergoß. Aalnetze, an Pfählen befestigt, versperrten diese Einschnitte. Beim Vorbeigleiten der Barke huschten enorme Ratten fort und verschwanden im Schlamm der Rieselgräben.

«Feines Abendessen!» hörte man auf der Fähre.

Die Leute vom Festland spuckten voller Widerwillen aus, was einen Protest der Einheimischen zur Folge hatte.

«Wie könnt ihr darüber sprechen, ohne probiert zu haben? Unsere Sumpfratten, die nur Reis fressen, sind wirklich ein leckerer Happen. Dutzendweise baumeln sie vor den Metzgertischen auf dem Markt von Sueca, schön abgehäutet und an ihren langen Schwänzen aufgehängt. Die Reichsten, die Vornehmsten in den Stranddörfern essen nichts anderes.»

Das Elend einer Bevölkerung, die Schlachtvieh nur insofern kennt, als sie es von weitem auf der Weide sieht, und die ihr Leben lang verdammt ist, sich von Aalen und Schlammfischen zu ernähren, enthüllte sich in dieser Großtuerei, mit der man dem Ekel der Landfremden entgegentrat. Und hitzig zählten die Frauen alle Vorzüge der als *arroz de la paella* zubereiteten Ratte auf, den sich schon viele, erstaunt über den angenehmen Geschmack des Fleisches, hatten munden lassen, ohne zu wissen, was sie aßen. Sogar Cañamel hielt es für unerläßlich, seine Meinung zu äußern, und sein Seufzen einen Moment unterbrechend versicherte er mit Nachdruck:

«Ich kenne auf der Welt nur zwei Tiere ohne Galle: die Taube und die Ratte.»

Damit war alles gesagt.

Es wurde Nacht. Die Felder dunkelten, der Kanal schimmerte im Dämmerlicht weiß wie Zinn. Auf dem Grund des Wassers erzitterten die ersten Sterne.

Saler war jetzt ganz nahe. Über den Dächern seiner Hütten reckte sich zwischen zwei Mauerpfeilern die Glocke des Demaná-Hauses, in dem sich am Vorabend der großen Jagden Jäger und Bootsführer zur Verteilung der Stände versammelten. Neben dem Haus erwartete eine riesige Postkutsche die Fahrgäste vom Boot, um sie nach der Stadt zu befördern.

Die Brise hatte aufgehört. Schlaff hing das Segel am Mast, und zum letztenmal griff Ohneohr zur Stange.

In der Richtung zum See glitt ein kleiner, mit Erde beladener Kahn vorbei. Am Bug stakte hurtig die junge Borda, wobei sie der hinten stehende Tonet, der Kubaner, der stattlichste Bursche am ganzen See, unterstützte. Ein Mann, der die Welt gesehen hatte und allerlei zu erzählen wußte!

«Hallo, Bigot!» grüßten ihn die Fahrgäste familiär mit seinem Spitznamen, den er seinem Schnurrbart verdankte, einem ungewohnten Schmuck in der Albufera, wo jeder glatt rasiert ging. «Seit wann arbeitest denn du?»

Doch Tonet begnügte sich damit, nach einem raschen Blick auf die Fähre weiterzustaken, während die Passagiere jetzt Cañamel mit denselben derben Späßen hänselten, die er in seiner Kneipe über sich ergehen lassen mußte.

«Aufgepaßt, Onkel Paco! Du fährst nach Valencia, und Tonet hat das Reich für sich in Palmar!»

Anfänglich stellte sich der Kneipwirt, als hörte er nicht die groben Anzüglichkeiten. Als sie jedoch gar kein Ende nahmen, richtete er sich auf, in den Augen ein zorniges Funkeln.

Die Fettmasse seines Körpers aber war zu groß, belastete so sehr seinen Willen, daß er von der Anstrengung zermürbt auf seine Bank zurücksank und zwischen zwei Seufzern murmelte:

«Unanständige Bande!»

Die Hütte des alten Paloma stand am äussersten Ende von Palmar. Eine große Feuersbrunst, bei der das halbe Dorf in Flammen aufging, hatte sein ursprüngliches Aussehen vollkommen verändert. Rapide waren die Strohhütten zu Asche geworden, und da in Zukunft ihre Besitzer ohne Furcht vor Feuer leben wollten, errichteten sie auf den ausgeglühten Baustellen Gebäude aus Ziegelsteinen, wobei viele ihre bescheidenen Mittel erschöpften, denn der Tansport über den See verteuerte das Material erheblich. So bedeckte sich der abgebrannte Teil Palmars mit kleinen Häusern, deren Fassaden rosa, grünen oder blauen Anstrich zeigten, während der Rest des Dorfes den früheren Charakter bewahrte: hohe, vom First nach beiden Seiten rund ausbuchtende Dächer, als hätte man umgekehrte Barken auf die Lehmmauern gestülpt.

Von dem kleinen Kirchplatz bis nahe zur Dehesa standen die Häuschen wie vom Zufall gesät wirr durcheinander, eines möglichst weit vom anderen entfernt, im Gedanken an einen etwaigen neuen Brand.

Palomas Hütte war die älteste. Sein Vater hatte sie erbaut zu einer Zeit, als es in der ganzen Albufera kein menschliches Wesen gab, das nicht vor Fieber zitterte.

«Damals», erzählte der Alte, «reichte das Dickicht bis an die Wände der Hütten. Die Hühner verschwanden unmittelbar vor der Haustür, und wenn sie nach Wochen wieder auftauchten, rannte hinter ihnen ein Gefolge flaumiger Küken her. In den Kanälen machte man Jagd auf Fischottern, doch die Bevölkerung am See war so spärlich, daß die Fischer nicht wußten, was sie mit ihrem Fang beginnen sollten. Valencia lag am Ende der Welt, von wo nur bisweilen der Marschall Suchet kam, den König José zum Herzog von Albufera ernannt hatte, zum Herrn über Wald und See mit all ihren Reichtümern.»

Weiter als bis zur Person des Marschalls reichten die Kindheitserinnerungen des alten Paloma nicht zurück. Noch glaubte er ihn vor sich zu sehen mit seinem wirren Haar und dem breiten Backenbart, angetan mit einem grauen Überrock, während Männer in prunkhaften Uniformen seine Flinten luden. Der Marschall benutzte zur Jagd das Boot von Palomas Vater, und der am Bug kauernde Junge betrachtete ihn voll staunender Bewunderung, wenngleich er manchmal auch über das Kauderwelsch lachen mußte, in dem der große Heerführer den Rückstand des Landes beklagte oder die Ereignisse im spanisch-englischen Krieg, für die Albufera ein vages Ereignis, kommentierte. Einmal fuhr der Knirps mit seinem Vater nach Valencia, um dem Herzog von Albufera einen Aal von ungewöhnlicher Größe zu verehren. Lachend empfing sie der Marschall, diesmal in großer, von Goldstickereien strotzender Uniform, neben der seine Offiziere wie Satelliten seines Glanzes wirkten. Als Paloma mit dem Tod seines Vaters Besitzer der Hütte und zweier Boote wurde, gab es keine Herzöge von Albufera mehr, sondern Landvögte, die im Namen des Königs regierten – ausgezeichnete Señores, die niemals zum See kamen und den Fischern freie Hand ließen, sowohl aus der Dehesa zu holen, was ihnen beliebte, als auch alles Federwild im Röhricht zu jagen. Das waren die guten Zeiten! Und wenn der Alte mit seiner knarrenden Stimme in Cañamels Taverne von ihnen erzählte, kroch über den Rücken der Jugend ein Schauer der Begeisterung. Man fischte und jagte zu gleicher Zeit, ohne Angst vor Feldhütern oder Strafen. Kehrten die Leute abends heim, so sah man außer Dutzenden von Kaninchen, mit Frettchen im Wald gefangen, auch noch Körbe voll Fisch und Bündel aufgeschnürter Wasservögel. Alles gehörte dem König, und der König war weit fort.

Wie hatte sich das geändert! Jetzt gehörte die Albufera dem Staat – wer mochte nur dieser Señor sein? –, jetzt gab es Jagdpächter im Wald und auf dem See, und die kleinen Leute konnten keinen Schuß abgeben oder ein Stück Holz auflesen, ohne daß sofort der Feldhüter mit dem Bandelier über der Brust und dem angeschlagenen Karabiner erschien.

Paloma hatte die Vorzugsstellung seines Vaters zu bewahren verstanden. Er war der erste Kahnfischer des Sees, und keine große Persönlichkeit kam zur Albufera, der er nicht bei einer Fahrt durch die Röhrichtinselchen alles Sehenswerte im Wasser und am Land zeigte. Von der jungen Isabella II. wußte er zu erzählen, deren weite Röcke das ganze Heck des geschmückten Bootes füllten; von ihrer strammen Büste, die sich bei jedem Ruck des fortgestakten Kahnes bewegte. Und wie lachten die Leute, wenn sie an seine Fahrt mit der Kaiserin Eugenie dachten! Sie am Bug, schlank, im kurzen Rock, schußbereit für die Vögel, die in dicken Schwärmen von gewandten Treibern aufgescheucht wurden, am Heck der Schelm von Paloma mit seiner alten Flinte zwischen den Beinen. In einem phantastischen Spanisch machte er die hohe Dame auf die von ihr außer acht gelassenen Collvèrts aufmerksam:

«Eure Majestät, aufgepaßt! Von hinten kommt Ihnen ein Grünkragen rein!»

Alle Herrschaften stellte er zufrieden. Frech, ja, und grob wie nur ein Sohn der Lagune; doch die seiner Zunge mangelnde Lobhudelei steckte in seiner Flinte, einer ehrwürdigen Waffe mit so vielen Reparaturen, daß man nicht mehr wußte, was an ihr eigentlich von der ursprünglichen Fabrikation noch vorhanden war, denn der alte Paloma schoß wundervoll. Wollte er einem mittelmäßigen Schützen schmeicheln, so stellte er sich hinter ihn und feuerte im selben Moment; so präzise, daß der Knall beider Flinten verschmolz und die hohe Persönlichkeit beim Fallen des Wildes über ihre eigene Geschicklichkeit erstaunte, während der Fischer in ihrem Rücken den Mund boshaft verzog.

Die meiste Freude machte dem Alten die Erinnerung an den General Prim, den er in einer stürmischen Nacht über den See gebracht hatte, damals, in den Zeiten des Unglücks. Die Häscher des Königs suchten schon in nächster Nähe Valencias, und der General mußte nach einem vergeblichen Versuch, die Garnison der Stadt aufzuwiegeln, im Arbeiterkittel die Flucht ergreifen. Paloma führte ihn in seinem Boot bis ans Meer. Als er nach Jahren den General wiedersah, war aus dem Flüchtling der Chef der Regierung und Spaniens Abgott geworden. Wenn er die Politik satt hatte, ließ er zuweilen Madrid im Stich, um auf dem See zu jagen, wobei ihn Paloma, nach dem gemeinsamen Abenteuer keck und äußerst familiär, wie einen Schuljungen abkanzelte, sobald ein Schuß danebenging. Für Paloma gab es keine Granden, nur gute und schlechte Schützen. Und als der Nationalheros wieder einmal vorbeischoß, wurde der Fischer so wütend, daß er ihn duzte:

«Du Sch...general! Sollte man glauben, daß du all diese großen Dinge in Marokko getan hast? Paß jetzt auf! Paß auf und lerne!»

Der glorreiche Schüler lächelte; Paloma aber zog ab, fast ohne zu zielen. Klatschend fiel eine Ente ins Wasser.

Diese Anekdoten verschafften dem Alten ein ungeheures Prestige unter den Leuten am See. Was hätte nicht aus ihm werden können, wenn er den Mund aufgetan haben würde, um von seinen Kunden etwas zu erbitten! Ihn aber befriedigte das Leben, das er führte, trotzdem es sich, je älter er wurde, immer härter und schwieriger gestaltete. Kahnfischer, nichts als Kahnfischer! Menschen, die Reisfelder bebauten, verachtete er. Das waren Landleute! – ein Wort, das für ihn die schwerste Beleidigung bedeutete.

Stolz darauf, ein Mann des Wassers zu sein, folgte er lieber im Boot den endlosen Windungen der Kanäle, als diese Umwege durch einen Fußmarsch abzukürzen, und betrat aus freien Stücken keinen anderen Erdboden als den der Dehesa; auch diesen nur, um heimlich ein paar Kaninchen zu schießen. Am liebsten hätte er im Boot, das ihm dasselbe war wie der Auster die Schale, auch noch gegessen und geschlafen.

Am vollkommenen Glück, wie ein Vogel im Röhricht zu leben mit einem Nest auf irgendeinem Inselchen, hinderte ihn die Familie. Sein Vater, der die Hütte, das Werk seiner Hände, nicht verlassen sehen wollte, zwang ihn zur Heirat, und der Wasserstrolch mußte fortan mit seinesgleichen leben, unter einem Strohdach schlafen, seinen Anteil für den Unterhalt des Pfarrers bezahlen und dem

Alkalden * der Insel gehorchen, einem Mann, wie er sagte, ohne jedes Schamgefühl, der die Protektion der großen Herren in Valencia suchte, um sich vor der Arbeit zu drücken.

Von seiner Frau gewahrte er nur ein vages Bild. Viele Jahre hatte sie neben ihm gelebt, ohne andere Erinnerungen zu hinterlassen als die an ihre Geschicklichkeit im Netzestopfen und ihre hübsche Haltung beim Kneten des wöchentlichen Brotteigs, den sie an jedem Freitag nach der runden weißen Kuppel des am äußersten Ende der Insel stehenden Backofens schleppte, der aussah wie ein afrikanischer Ameisenhaufen.

Sie hatten viele Kinder gehabt, sehr viele, aber mit Ausnahme eines einzigen waren alle «zu gelegener Zeit» gestorben: bleiche, kränkliche, blutlose Wesen, von fieberschauernden Eltern gezeugt, die einzig der Wunsch nach Wärme zusammenführte. Die einen, geschwächt durch die einseitige, fade Fischnahrung, starben an Auszehrung; andere fielen in die nahen Kanäle und ertranken.

Nur der Jüngste klammerte sich zäh genug ans Leben, um allen Fiebern standzuhalten, saugte gierig die paar Tropfen Milch, die die schlaffen Brüste eines immer kranken Körpers geben konnten.

Paloma fand diese Todesfälle logisch und unerläßlich. Man mußte dem Herrn danken, daß er sich der Armen erinnerte! War es nicht widerlich zu sehen, wie sich die im Elend lebenden Familien vermehrten? Ohne die Güte Gottes, der von Zeit zu Zeit diese Pest von Kindern klärte, hätte der See nicht alle ernähren können, hätte einer den anderen auffressen müssen.

* Bürgermeister, Dorfrichter.

Als die Mutter starb, übernahm der kleine siebenjährige Toni ihre Arbeit. Nicht minder umsichtig und arbeitsam als sie, kochte er das Essen, bastelte an schadhaften Stellen der Hütte und holte sich Rat bei den Nachbarinnen, damit der Vater das Fehlen einer Frau nicht bemerken sollte, alles mit schwerem Ernst, als hätte das unentwegte Bemühen, die Mutter zu ersetzen, jeglichen Frohsinn ausgelöscht.

Unter einem Berg von Netzen ganz verborgen, folgte er dem Vater zum Boot, und Paloma blickte stolz auf seinen kräftigen Jungen, der behende die Reusen einholte oder das Boot über den See stakte.

«Ein Kerl wie kein zweiter!» meinte Paloma zu seinen Freunden. «Sein Körper rächt sich jetzt für alle früheren Krankheiten.»

Die Frauen von Palmar lobten vor allem seine guten Sitten. Weder beteiligte sich Toni an dem Unfug der jungen Leute in den Tavernen, noch gesellte er sich zu den Burschen, die nach beendigtem Fischfang hinter irgendeiner Hütte auf dem Bauch lagen, um stundenlang ein schmuddeliges Kartenspiel zu mischen.

Stets willig zur Arbeit, bereitete Toni seinem Vater nicht den geringsten Verdruß. Paloma, der mit niemandem gemeinsam fischen konnte, weil er bei der kleinsten Unaufmerksamkeit mit den Fäusten auf seinen Kameraden losging, fand an Toni niemals etwas zu tadeln. Mehr noch! Häufig sah der Alte, wenn er im Begriff war, eine Anweisung zu geben, daß sein Sohn, die Absicht erratend, schon Hand ans Werk gelegt hatte.

Als Toni ein Mann geworden war, vollzog sich in der Seele seines Vaters trotz seiner Vorliebe für das Vagabundieren auf dem Wasser und trotz fehlenden Familiensinns dasselbe wie einst beim Großvater. Was sollten zwei Männer allein in der einsamen Hütte? Es stieß ihn ab, seinen Sohn, diesen robusten Burschen, das Feuer anblasen und Essen kochen zu sehen, und nicht ohne Gewissensbisse blickte er auf die kurzen, behaarten Hände mit den eisernen Fingern, die Töpfe scheuerten und Fische schuppten.

An den langen Winterabenden glichen sie zwei auf eine wüste Insel verschlagenen Schiffbrüchigen. Kein Wort fiel zwischen ihnen, kein Lachen erklang, keine Frauenstimme heiterte sie auf. In der Mitte der düsteren Hütte glühte zu ebener Erde der Herd: ein kleines viereckiges Loch, eingefaßt von Ziegelsteinen. Ihm gegenüber eine alte Anrichte, auf deren rissigen Fliesen armseliges Geschirr stand, und zu beiden Seiten die wie die ganze Hütte aus Lehm und Rohr erbauten, nur mannshohen Innenwände von zwei Zimmern. Darüber gähnte das rußige Strohdach, geschwärzt von dem Herdrauch vieler Jahre, dem sich kein anderes Abzugsloch bot als eine Öffnung am First.

Von den Sparren herab hing das wasserdichte Zeug von Vater und Sohn für nächtliche Fahrten: die steifen, schweren Hosen und die Jacken, durch deren Ärmel ein Knüppel gesteckt war – grobe, gelbe Leinwand, die die vielen Einreibungen mit Öl glänzend gemacht hatten. Der durch das Loch im Dach hereinpfeifende Sturm schaukelte die seltsamen Puppen, deren fettige Außenseite die rote Herdglut widerspiegelte, und es schien, als hätten sich die beiden Bewohner der Hütte an ihren Balken aufgehängt.

Paloma langweilte sich. Er schwatzte gern, und in der Taverne konnte er nach Herzenslust fluchen und mit den andern Fischern räsonieren; zu Hause jedoch wußte er nicht, was er sagen sollte. Seine Worte verloren sich in einem erdrückenden, respektvollen Schweigen, denn der untertänige Sohn hatte nie etwas zu entgegnen. Der Alte pflegte dies beim Wein auf seine Weise zu erklären:

«Ein guter Junge, aber immer stumm, gar nicht wie ich! Meine Verstorbene muß mich irgendwie betrogen haben.»

Eines Tages wandte er sich an Toni mit der gebieterischen Miene des spanischen Vaters, der bei seinen Kindern keinen eigenen Willen anerkennt und über ihre Zukunft beschließt, ohne sie um ihre Meinung zu befragen.

«Du mußt heiraten! Im Haus fehlt eine Frau.»

Und Toni nahm diesen Befehl ebenso auf, als hätte der Alte ihn beauftragt, das große Boot klar zu machen, um in Saler einen Jäger aus Valencia abzuholen:

«Gut! Ich werde das so bald wie möglich in Ordnung bringen.»

Und während Toni auf eigene Faust suchte, machte sein Vater alle Gevatterinnen Palmars zu Mitwisserinnen dieser Absicht.

«Mein Junge wünscht sich zu verheiraten. Alles, was ich besitze, wird sein: die Hütte, das große Boot mit dem neuen Segel sowie das alte, das noch besser läuft; zwei Kähne und ein Haufen Netze. Dabei ist der Kleine arbeitsam, brav und dank einer guten Nummer bei der Auslosung frei vom Militärdienst. Schließlich keine große Partie, aber immerhin auch nicht nackt wie eine Pogge im Schlamm! Und für die Mädchen, die es in Palmar gibt...»

Der Alte spuckte aus und blickte verächtlich auf die Töchter des Dorfs, unter denen sich zweifellos seine künftige Schwiegertochter befand. Nein, viel Staat war mit diesen Seejungfrauen nicht zu machen! Ihre in dem fauligen Wasser der Kanäle gewaschene Wäsche roch nach

Schlamm; dürftiges, von der Sonne gebleichtes Haar beschattete ihre mageren, rotgebrannten Gesichter, und in den Augen blitzte das Fieber, durch den Genuß des Seewassers ständig erneut. Ihr eckiges Profil, ihre gleitende Schlankheit und der Geruch ihrer Wäsche gaben ihnen eine gewisse Ähnlichkeit mit den Aalen, als wären durch die gleichförmige, monotone Ernährung einer ganzen Serie von Generationen in ihnen schließlich die Merkmale dieses Tieres festgelegt, das ihr Hauptnahrungsmittel bildete.

Toni wählte eine von ihnen: irgendeine – diejenige, bei der seine Schüchternheit auf die wenigsten Hindernisse stieß. Und nach der Hochzeit gab es wieder jemanden in der Hütte, mit dem der Alte sprechen oder schelten konnte. Ah, dieses Wohlgefühl für ihn, als seine Worte nicht mehr im Leeren hängenblieben, als die Schwiegertochter sich seinen unwirschen Forderungen widersetzte.

Leider aber stellte sich mit diesem Behagen gleichzeitig ein Verdruß ein. Sein Sohn schien die Traditionen der Familie vergessen zu haben; er mißachtete den See, und im September ließ er bei Beginn der Reisernte das Boot im Stich und wurde Schnitter wie manche andere, denen Palomas tiefste Entrüstung galt.

«Diese Feldarbeit ziemt sich nur für die Fremden», erklärte er seinem Sohn; «die Kinder des Sees sind frei von solcher Sklaverei, denn nicht umsonst hat der Herr uns neben dieses Wasser gesetzt, das ein Segen Gottes ist. Das Wasser ernährt uns, und es ist eine Schande, bis zum Bauch im Schlamm zu stehen, Blutegel an den Beinen, den Rücken von der Sonne geröstet, um einige Ähren zu ernten, die zu guter Letzt nicht für uns bestimmt sind. Willst du wirklich ‹Landmann› werden?»

Und der Alte legte in diese Frage das ganze Entsetzen, die ganze riesengroße Bestürzung, als hätte man ihm davon gesprochen, daß – etwas genauso Unerhörtes – die Albufera eines Tages trockenliegen könnte.

Zum erstenmal in seinem Leben wagte Toni, sich seinem Vater zu widersetzen:

«Den Rest des Jahres werde ich gern fischen. Aber jetzt, wo infolge meiner Heirat die Ausgaben sich vergrößern, wäre es eine Torheit, den reichlichen Tagelohn zu verschmähen, vor allem weil man mich wegen meiner starken Arme besonders gut bezahlt. Man muß die Zeiten nehmen, wie sie kommen. Täglich vermehren sich die Reisfelder an den Ufern des Sees; Arme werden reich, und ich bin nicht der Dummkopf, beiseite zu stehen.»

Knurrend schickte sich der alte Fischer in diese Umwälzung der Gepflogenheiten des Hauses. Die Verständigkeit und der Ernst seines Sohnes nötigten ihm Respekt ab, doch als er am Kanalufer seine alten Kameraden traf, machte er seinem Unmut Luft.

«Die werden die ganze Albufera so umformen, daß in einigen Jahren sie niemand mehr erkennt! Bei Sueca haben sie jetzt eiserne Apparate in kleinen Häuschen aufgestellt, und wupp! kommt der Rauch aus dem hohen Schornstein. Die guten alten hölzernen Wasserräder sollen alle durch Höllenmaschinen ersetzt werden, die das Wasser mit einem Lärm von tausend Teufeln fortschleudern. Ein Wunder, wenn nicht die ganzen Fische aus Ärger über diese Neuerungen den Weg zum Meer nehmen! Überall will man anpflanzen, überall wirft man Erde und immer mehr Erde in den See. Viel Zeit bleibt mir ja nicht mehr, aber paßt auf: ich werde es noch erleben, daß der letzte Aal aus Mangel an Platz uns an der Enge von Perello zuschwänzelt und im Meer verschwindet! Und Toni mitten unter diesen Piraten! Mein Sohn, ein Paloma, als Landmann!»

Und der Alte schüttelte sich, als sähe er einen Spuk.

Die Zeit verging. Seine Schwiegertochter schenkte ihm einen Enkel, einen Tonet, den der Großvater nachmittags oft zum Kanalufer hinuntertrug, wobei er die Pfeife fürsorglich in eine Ecke seines zahnlosen Mundes schob, damit der Rauch den Kleinen nicht belästige. Ein verteufelter Bengel, dieser Kleine, und hübsch! Die dürre, häßliche Schwiegertochter war genau wie seine Verstorbene, wie alle Frauen seiner Familie: stets brachten sie Kinder zur Welt, die ihren Vätern in nichts glichen.

Am Wasser zeigte der Großvater seinen Freunden, die immer spärlicher wurden, das Enkelkind und orakelte über die Zukunft.

«Der gehört zu uns und wird kein anderes Haus haben als sein Boot. Und bevor alle Zähne heraus sind, soll er staken können!»

Aber bevor alle Zähne heraus waren, trat ein Ereignis ein, das Paloma nie und nimmer erwartet hätte. In der Taverne sprach man davon, daß Toni von einer Dame in Valencia einige Reisfelder nahe bei Saler in Pacht genommen hatte, und als der Alte, sobald er abends seinen Sohn zu Gesicht bekam, von diesem Gerücht erzählte, mußte er entsetzt feststellen, daß Toni das Verbrechen keineswegs leugnete.

«Wann ist ein Paloma je abhängig gewesen?» brauste der Fischer auf. «Immer lebte die Familie frei, wie es Kinder Gottes, die etwas auf sich halten, zukommt, und suchte sich ihren Unterhalt im Wasser und in der Luft. Als Herren hatten wir nur den König oder den Franzmann, die einen nicht drückten und deren Grandezza zu ertragen war. Aber Pächter einer städtischen Modenärrin? Ihr, jahraus, jahrein, den größten Teil vom Verdienst abliefern? Oh, là là! Ich werde diese Dame sofort aufsuchen, um den Vertrag rückgängig zu machen. Die Palomas ducken sich vor niemandem, solange es noch etwas im See gibt, das man zum Mund führen kann – und wären es Frösche!»

Noch größer jedoch wurde seine Bestürzung, als er bei seinem Sohn auf unvorhergesehenen Widerstand stieß. Toni, der sich die Sache reiflich überlegt hatte, war entschlossen, nicht nachzugeben.

«Was sind wir? Bettler, die wie Wilde in ihrer Hütte hausen und wie Verbrecher vor den Flurhütern flüchten müssen, wenn sie mal etwas anderes als Fisch in ihrem Topf sehen wollen! Und dieses Elend kommt von den Vätern auf die Söhne, als wären wir für ewig an den Schlamm der Albufera gebunden, stumpfsinnig, ohne jegliches Streben, geht es uns wie der Kröte, die sich im Röhricht glücklich dünkt, weil sie am Wasserspiegel Insekten findet.

Nein, ich lehne mich dagegen auf! Ich will nicht einzig und allein arbeiten, um zu essen, sondern auch um Ersparnisse zu machen. Man muß sich nur die Vorteile des Reisanbaus vor Augen führen: kleine Anstrengungen und großer Verdienst! Wo gibt es das sonst auf der Welt? Im Juni wird gesät, im September geschnitten. Ein wenig Dung und ein wenig Arbeit, im ganzen drei Monate! Nach der Ernte besorgt der Regen den Rest; das Wasser des Sees steigt, bis es die Felder bedeckt. Mit dem Verdienst in der Tasche fischt man die anderen Monate, um die Familie zu ernähren. Kann man sich mehr wünschen? Der Großvater hat nach einem Hundeleben nichts weiter erreicht, als diese Hütte zu bauen, in der wir ständig geräuchert werden, und du, Vater, konntest keine Kruste für dein Alter erübrigen.

Läßt du mich nach meinem Belieben arbeiten, so wird mein Junge mal Reisfelder besitzen, die man nicht übersehen kann, und sich vielleicht auf unserem Grund und Boden das schönste Haus von Palmar erheben.»

Der Alte war leichenblaß geworden und starrte auf die schwere, in der Ecke lehnende Stange zum Staken. Es zuckte ihm in den Händen, Toni mit einem Hieb den Kopf zu zertrümmern, wozu er sich nach solchem Frevel gegen die väterliche Autorität durchaus berechtigt fühlte. Aber er sah die Schwiegertochter, das Enkelkind auf dem Arm, und diese beiden Wesen schienen seinen Sohn zu erhöhen, auf das gleiche Niveau mit ihm selbst zu heben. Toni war ein Vater! Zum erstenmal legte er sich Rechenschaft ab, daß er nicht mehr den Jungen von früher vor sich hatte, der am Kochtopf stand und unter dem grimmigen Blick des Vaters die Augen niederschlug.

«Gut», brüllte er los, doch bei dem Gedanken, daß er ihn nicht mehr schlagen konnte, vor Wut zitternd. «Jeder geht seiner Wege – der eine zum See, der andere zum Schollenhacken! Und da ich zu alt bin, um mit meinem Gliederreißen auf dem Wasser zu schlafen, werden wir weiter gemeinsam in der Hütte leben. Aber im übrigen kennt keiner den anderen mehr! Ah, wenn mein Vater, Suchets Bootführer, den Kopf aufrichtete und die Schande der Familie sähe!»

Das erste Jahr war für Paloma voll von unaufhörlicher Qual. Kehrte er abends heim, so fand er neben den Fischereigeräten allerlei landwirtschaftliche Werkzeuge, ja, stolperte eines Tages sogar über einen von Toni zur Reparatur mitgebrachten Pflug. Ein mitten in der Hütte liegender Drache hätte keine schlimmere Wirkung hervorrufen können.

Alle diese blinkenden Stahle verursachten ihm ein Gefühl von Kälte und Ingrimm. Wenn er eine Sichel ein paar Schritte entfernt von seinen Netzen liegen sah, tat er so, als ob die gekrümmte Klinge ganz allein loszumarschieren vermöchte, um seine Garne zu zerschneiden, und beschimpfte die Schwiegertochter wegen ihrer Nachlässigkeit.

«Wirf sie raus, weit fort, diese... diese... Ackerbaugeräte», keuchte er. «So etwas in der Hütte der Palomas, die keinen anderen Stahl kannten als die Klinge zum Öffnen der Fische! Sollte man nicht vor Wut platzen?»

Zur Saatzeit, wenn die trockene Erde umgelegt wurde und Toni, nachdem er den ganzen Tag mit gemieteten Pferden gepflügt hatte, schweißbedeckt heimkehrte, umstrich ihn der Vater boshaft schnüffelnd, um dann zur Taverne zu stürzen, wo seine Kameraden aus den guten alten Zeiten, das Glas in der Hand, vor sich hindösten.

«*Caballeros*, eine große Neuigkeit! Mein Sohn riecht nach Pferd.»

«Hi, hi, hi», lachten die Greise. Ein Pferd auf der Insel Palmar! Die Welt stand auf dem Kopf.

Abgesehen von solchen Entladungen bewahrte Paloma sein frostiges, abgesondertes Verhalten gegenüber der Familie seines Sohnes. Erst bei Einbruch der Nacht erschien er mit einigen zappelnden Aalen im Netz in der Hütte, worauf ein Stoß mit dem Fuß die Schwiegertochter aufforderte, ihm Platz am Herd zu machen. Denn seine Mahlzeiten bereitete er sich selbst. Manchmal rollte er die Aale zusammen, um sie mit einem Stäbchen zu durchbohren und geduldig von allen Seiten über der Flamme zu rösten; an anderen Tagen kochte er in seinem geflickten Topf ein paar riesige Schleien oder bereitete ein Gemengsel aus Zwiebeln und Aalen, das für die halbe Einwohnerschaft genügt haben würde.

Die Gefräßigkeit teilte dieser kleine, dürre Greis mit allen bejahrten Söhnen der Albufera. Er kannte eigentlich nur eine einzige richtige Mahlzeit, abends, bei der Rückkehr vom Fischfang, und am Boden sitzend, den Topf zwischen den Knien, verbrachte er ganze Stunden damit, wie eine alte Ziege den Mund hin und her zu schieben und derartige Portionen zu verschlingen, daß man sich wunderte, wie ein menschlicher Magen sie aufnehmen konnte.

Er aß das seinige, das, was er tagsüber gefangen hatte, ohne sich um seine Kinder zu kümmern, ohne ihnen etwas aus seinem Topf anzubieten. Mochte sich jeder mästen nach seiner Arbeit! Und seine Äuglein blitzten schadenfroh, wenn er auf dem Familientisch nichts gewahrte als eine Schüssel Reis.

Toni ließ seinen Vater gewähren, und die Isolierung zwischen dem halsstarrigen Alten und den Seinen blieb bestehen. Das einzige Band war Tonet, der öfters, vom Duft des Topfes angezogen, näher schlich.

«Nimm, du armes Kind! Nimm!» sagte der Großvater mitleidig, als sähe er den Kleinen im tiefsten Elend, und freute sich, wie der den fetten Happen vertilgte.

Bisweilen spürte Paloma frühmorgens einen Abenteuerkitzel. Dann stakte er mit einem seiner Busenfreunde nach einem versteckten Ort der Dehesa, wo sie auf dem Bauch lange Stunden im Dickicht verharrten, bis sie sicher waren, daß kein Feldhüter sich in der Nähe befand. Zwei Schüsse knallten, zwei Kaninchen verschwanden unter dem Kittel, und Hals über Kopf rannte man zum Boot, um draußen vom See aus die nutzlos suchenden Männer mit dem Bandelier auszulachen.

«Das soll mir mal einer von den jungen Burschen nachmachen!» plusterte er sich in der Taverne abends beim Braten auf, zu dem seine Kameraden den Wein spendeten.

Und wenn bei solchem Fest ein paar Vorsichtige vom Gesetz und von den Strafen sprachen, reckte Paloma die durch Jahre und Staken gekrümmte Brust.

«Die Flurhüter sind Strolche, die sich anstellen lassen, weil sie die Arbeit verabscheuen. Und diese Herren Jagdpächter? Diebe, die alles für sich haben wollen. Die Albufera gehört uns Fischern! Wären wir in einem Palast geboren, so würden wir Könige sein. Zu irgendeinem Zweck hat der liebe Gott uns also hier zur Welt kommen lassen. Alles andere sind Lügen, von den Menschen erfundene Lügen.»

Dann wies er auf den Enkel, den er heimlich mitgeschleppt hatte:

«Den erziehe ich; doch so, daß er nicht auf die Abwege seines Vaters gerät. Mit der Flinte umgehen und den Grund des Sees kennen wie ein Aal, das will ich ihm beibringen, damit nach meinem Tod wieder ein Paloma da ist, um die großen Jäger zu führen.»

Der Groll des Alten gegen seinen Sohn blieb wach. Er verschmähte es, die scheußlichen Äcker zu sehen, die jener bebaute, aber seine Gedanken umkreisten sie ständig, und er lächelte in diabolischer Lust, als er erfuhr, daß es mit der Pflanzung schlecht stand. Salpeter war während des ersten Jahres in die Felder eingedrungen, gerade im Moment, als der Reis Körner ansetzte, und fast die ganze Ernte ging verloren. Immerhin rührten die traurigen Mienen sowie der sichtbare Mangel, den die Familie litt, Paloma so weit, daß er seine Stummheit brach, um dem Sohn zu raten. Hatte Toni sich jetzt überzeugt, daß er zum Landmann nicht geboren sei? Die Feldarbeit sollte man den Leuten überlassen, die von alters her sich damit befaßten, die Erde auszuweiden. Ein Paloma gehörte aufs Wasser!

Doch Toni antwortete mit einem schlechtgelaunten Brummen, worauf der Alte wieder in seinen schweigenden Haß verfiel. Ah, der Dickkopf! Und von Stund an wünschte er den Feldern seines Sohnes jedes nur erdenkliche Mißgeschick als einziges Mittel, den hochmütigen Starrsinn zu brechen. Zu Hause stellte er keinerlei Fragen, doch wenn sein Boot die großen, von Saler kommenden Barken kreuzte, erkundigte er sich stets nach dem Aussehen von Tonis Feldern.

Die gegen Ende des Sommers einsetzenden wolkenbruchartigen Gewitter ließen ihn mit Behagen ein stetes Steigen des Wasserspiegels beobachten. Nur so weiter! Auf den Knien sollte sein Sohn den Schlüssel zum Fischkasten mit dem brüchigen Strohdach erbitten, um essen zu können!

Zu Tonis Glück gingen die boshaften Wünsche des Alten nicht in Erfüllung. Es kamen gute Jahre; in der Hütte begann ein gewisser Wohlstand zu herrschen, und der beherzte Reisbauer träumte von der Möglichkeit, eines Tages eigene Felder zu bewirtschaften, für die er nicht mehr den größten Teil vom Erlös der Ernte in Valencia abzuliefern hätte.

Mittlerweile verbrachte der heranwachsende Tonet Tag für Tag mit dem Großvater auf dem Wasser, während seine Mutter traurig in der Hütte allein saß und voll Angst an ihre noch einsamere Zukunft dachte. Hätte sie doch mehr

Kinder gehabt! So inbrünstig hatte sie eine Tochter von Gott erbeten! Aber die Tochter kam nicht, konnte nach des alten Paloma Versicherung auch nicht kommen, weil die Nachbarinnen, die ihr bei Tonets Geburt beistanden, sie so arg zugerichtet hätten, daß «nichts an der richtigen Stelle geblieben war». Tatsächlich sah sie immer krank aus, farblos wie Papierbrei, und konnte sich nur unter starken Schmerzen längere Zeit auf den Füßen halten. Doch um den Männern nicht lästig zu fallen, schluckte sie ihre Seufzer und Tränen still hinunter.

Toni kannte die sehnsüchtigen Wünsche seiner Frau; der Gedanke, ein Mädchen im Haus zu haben, das der Kranken zur Hand gehen konnte, gefiel ihm. So machten beide eine Reise nach Valencia, wo sie sich im Findelhaus ein sechsjähriges Kind, ein scheues, häßliches Tierchen, aussuchten. Es hieß Visanteta, aber mit der unbewußten Grausamkeit des Volkes nannte es in Palmar jedermann Borda*, als sollte nur ja seine Herkunft nicht in Vergessenheit geraten.

Paloma grunzte ärgerlich: «Ein hungriger Mund mehr!» Tonet fand diese Kleine, an der er alle seine Launen auslassen konnte, sehr nach seinem Geschmack. Zärtlichkeit brachte nur die immer schwächer werdende Mutter dem Mädchen entgegen. Die Kranke gab sich der Illusion hin, eine eigene Tochter zu haben, und nachmittags, wenn die Sonne auf die Tür fiel, setzte sie Borda in den Eingang, um sorgsam ihr gut eingeöltes, widerspenstiges Haar glattzubürsten.

Wie ein lebhaftes, gehorsames Hündchen trottete Borda fröhlich durch die Hütte, fand sich mit aller Mühsal

* Findling.

ab und ertrug geduldig jede Bosheit Tonets. Mit äußerster Kraftanstrengung ihrer kleinen Arme schleppte sie den Wasserkrug, der fast so groß war wie sie selbst, vom Kanal bis zur Hütte. Zu jeder Stunde trabte sie zum Dorf, um Besorgungen für ihre neue Mutter zu machen, und erdreistete sich bei Tisch nie, den Löffel in den Topf zu stecken, ehe die anderen ihre halbe Mahlzeit hinter sich hatten. Den alten Paloma mit seiner Schweigsamkeit und seinen wilden Blicken fürchtete sie sehr. Nachts schlief sie, da das eine Zimmer von dem Ehepaar, das andere von Tonet und seinem Großvater besetzt war, neben dem Herd auf dem Lehmboden, dessen Feuchtigkeit noch durch das Segeltuch, das ihr als Bett diente, hindurchdrang.

Ihre einzigen Erholungsstunden waren nachmittags, wenn die Männer noch auf dem See oder auf den Feldern arbeiteten. Dann saß sie neben ihrer Mutter auf der Schwelle, half Segel nähen oder Netze knüpfen, und beide schwatzten dabei vergnüglich mit den Nachbarinnen, mitten in dem großen Schweigen der einsamen, krummen, moosbedeckten Straße, in der die Hühner hin und her liefen und die Enten schnatternd der Sonne das feuchte Weiß ihrer Flügel entgegenbreiteten.

Tonet ging jetzt nicht mehr zur Dorfschule, dieser vom Magistrat der Stadt Valencia unterhaltenen moderigen Baracke, in der Knaben und Mädchen den Tag mit dem Ableiern des Abc und dem Singen von Litaneien verbrachten. Er war beinahe schon ein richtiger Mann, wie sein Großvater feststellte, indem er ihm die Armmuskeln befühlte und auf die Brust klatschte. Gern folgte Tonet dem Alten auf seinen Wasserexpeditionen, und wie ein flüchtiger Blitz schoß er in einem der kleinen Nachen Palomas durch die Kanäle. Kamen Jäger von Valencia, so unterstützte er den Großvater beim Bedienen der Segel und sprang, wo die Durchfahrten eng wurden, ans Ufer, um das Boot mit der Leine weiterzuziehen.

Er lernte die Fischerei mit der Harpune kennen: das Abstreifen des Sees im Dunkel der langen Winternächte, vom Sonnenuntergang bis zur Morgendämmerung. Am Bug gab Tonet Obacht auf die hell wie eine Fackel brennenden Reiserbündel, von denen ein großer Blutfleck auf das Wasser fiel; achtern handhabte der Großvater die Fitora, eine eiserne Gabel mit zackigen Spitzen. Bis zum Grund des Sees stieg das Licht hinunter. Man sah das Bett der Muscheln, die am Boden wuchernden Pflanzen, diese ganze geheimnisvolle, tagsüber unsichtbare Welt. Betrogen und geblendet von dem roten Schimmer, kamen die Bewohner des Sees herbei, und jeder Stich der Fitora holte einen großen, verzweifelt mit dem Schwanz schlagenden Fisch.

Hieran schloß sich die Unterweisung in der Jagd. Die Flinte des Großvaters, ein uralter Vorderlader, der sich durch seinen Knall von allen anderen Waffen der Albufera unterschied, machte Tonet zwar anfänglich gehörige Schwierigkeiten, denn Paloma pfropfte so starke Ladungen hinein, daß die ersten Schüsse den Jungen beinahe umwarfen. Allmählich jedoch verstand er, das «alte Biest» zu beherrschen und die Wasserhühner zur Zufriedenheit des Großvaters herunterzuholen.

Aber nach dem ersten Jahr dieser rauhen Erziehung nahm Paloma eine unverhüllte Lässigkeit bei seinem Schüler war. So sehr diesem auch Fischen und Schießen behagte, so wenig konnte er sich damit befreunden, vor Morgengrauen aufzustehen, den ganzen Tag zu staken oder mit dem Tau um den Leib zu treideln. Außerdem fing der Großvater an, sich anspruchsvoll und tyrannisch zu zeigen. Als er sah, daß der Junge das Boot geschickt führen konnte, gestattete er ihm nicht mehr, nach Belieben auf dem See zu bummeln, sondern belegte ihn schon frühmorgens mit Beschlag. Ohne selbst Hilfe zu leisten, ließ er den Enkel die großen Reusen einholen und wieder auslegen, und wenn die Zeit der Heimfahrt gekommen war, lagerte sich der Alte bequem im Boot, während Tonet schwitzend und keuchend stakte.

«Ah, solch ein Drückeberger!» ulkten vorbeifahrende Fischer. «Hat's behäbig wie der Pfarrer!»

Worauf Paloma ihnen mit dem Ernst des Meisters zur Antwort gab:

«So lernt man! Das ist die Schule meines Vaters.»

Allmählich meinte Tonet den See fast zu hassen. Wie ein Heimwehkranker blickte er nach den weißen Hütten Palmars, die sich über den dunklen Linien des Röhrichts abhoben. Wo waren die glücklichen Jahre, als er ohne eine andere Pflicht als den Schulbesuch durch die Dorfgasse schlenderte? Als alle Nachbarinnen seiner Mutter zu solch hübschem Jungen gratulierten?

Dort war er Herr seines Lebens gewesen. Die kranke Mutter hatte für seine Streiche nur ein blasses Lächeln, und Borda ließ sich alles mit der Sanftmut des untergeordneten Wesens gefallen, das den Starken bewundert. Die sich zwischen den Hütten tummelnden Kinder erkannten ihn als ihren Chef an, dem sie allesamt längs des Kanals folgten, um empört schnatternde Enten mit Steinen in die Flucht zu treiben.

Paloma sah klar: was sein Enkel haßte, mit einem instinktiven Widerwillen, der seine Energie lähmte, war die Arbeit. Vergeblich sprach ihm der Alte von dem großen

Fischzug, den sie am nächsten Tag im Heimlichen Loch, im Pottwinkel oder sonstwo machen würden. Kaum ließ er Tonet aus den Augen, so war der auch schon verschwunden, um mit anderen Dorfbuben den Wald zu durchstreifen oder, neben den Stamm einer Pinie hingestreckt, stundenlang den Vögeln in den runden Baumkronen zu lauschen und sich an dem Wiegen der Schmetterlinge und der bronzefarbenen Hummeln über den Waldblumen zu ergötzen.

Drohungen fruchteten nichts. Als der Großvater zu Prügeln seine Zuflucht nehmen wollte, brachte sich Tonet wie ein kleines wildes Tier in Sicherheit und suchte Steine zu seiner Verteidigung. Und der Alte ergab sich in sein Schicksal, wie ehedem den See wieder allein zu befahren.

Sein ganzes Leben hatte er gearbeitet; auch sein Sohn war, wenn auch irregeleitet durch eine Liebe zur Landwirtschaft, ein fanatischer Arbeiter. Wem glich also nur dieser kleine Lump, der halbe Tage unbeweglich in der Sonne hocken konnte wie eine Kröte am Rand der Rieselgräben?

Alles hatte sich in dieser Welt geändert, aus der Paloma nie herausgekommen war. Die Tradition ging unter. Aus den Söhnen der Kahnfischer wurden Sklaven der Erde; die Enkel hoben Steine auf gegen ihre Großväter; den See durchkreuzten mit Kohle beladene Barken; die Reisfelder dehnten sich nach allen Seiten aus, stießen, das Wasser verschluckend, in den See vor und fraßen große Lichtungen in den Wald. Oh, Herr des Himmels! Besser wäre es schon zu sterben, als der Vernichtung einer Welt beizuwohnen, die er für ewig gehalten hatte.

Alleinstehend im Kreis der Seinigen, ohne andere Zuneigung als die tiefe Liebe für sein Mütterchen, die Albufera, besichtigte und kontrollierte er sie jeden Tag.

Man fällte keine Pinie im Wald, ohne daß er es nicht sofort, oft auch von der Mitte des Sees aus, bemerkt hätte. «Wieder eine!» Und die Lücke, die der gefällte Baum im dichten Zweigwerk der Bäume hinterließ, schmerzte ihn wie der Anblick eines Grabes. Er verfluchte die Pächter der Albufera, diese unersättlichen Diebe. Gewiß, auch die Leute von Palmar stahlen ihr Brennholz im Wald. Doch sie begnügten sich mit dem Gestrüpp, mit den entwurzelten, abgestorbenen Stämmen, während diese unsichtbaren Herren, deren Vorhandensein sich nur durch die Karabiner ihrer Flurhüter und allerlei faules Gewäsch von Gesetzen kundtat, mit größtem Gleichmut die Ahnen des Waldes niederschlugen, diese Giganten, die ihn als winzigen Knirps am Bug eines Kahns gesehen hatten, die bereits riesige Stämme waren, als sein Vater, der erste Paloma, in einer wilden, fast unberührten Albufera mit einem Knüppel die am Ufer wimmelnden Schlangen erschlug. Tiere, sicher sympathischer als die heutigen Menschen!

Vergrämt verkroch er sich in die abgelegensten Winkel des Sees, in solche, zu denen die Ausbeutungslust ihren Weg noch nicht gefunden hatte.

Der Anblick eines alten Wasserrades regte ihn auf, und gerührt betrachtete er das schwarze, wurmstichige Holz, die verbeulten Röhren, trocken, voll Stroh, aus dem die Ratten, sobald sie sein Nahen gewahrten, truppweise davonstoben. Ruinen einer heute totalen Albufera! Erinnerungen – wie er – an eine bessere Zeit.

Wenn er ausruhen wollte, fuhr er zu Sanchas Pampa, zu den Lagunen mit der Gallertoberfläche und den hohen Binsen. Und vor den Augen die düstere grüne Landschaft, in der das Gestrüpp unter den Ringen des sagenhaften Ungetüms noch zu knacken schien, freute er sich bei dem Gedanken, daß noch etwas existierte, das der Gier der modernen Menschen entgangen war, unter denen sich, ach!, auch sein Sohn befand.

Als Paloma auf die weitere Erziehung seines Enkels Verzicht leistete, atmete dieser auf.

Der Bruch mit dem Großvater bedeutete die Rückkehr zu seiner alten Behaglichkeit. Kein Aufstehen mehr vor dem Morgengrauen, keine Arbeit mehr auf dem See, bis die Nacht hereinbrach! Der ganze Tag gehörte ihm in diesem Dorf, wo es, solange die Sonne am Himmel stand, keine Männer gab außer dem Pfarrer, dem Lehrer und dem Zollwächter, der seinen martialischen Schnauzbart und seine rote Alkoholnase am Ufer spazierenführte.

Einige Male begleitete Tonet seinen Vater nach den Feldern von Saler. Aber beim Anblick der Männer, die sich unter den glühenden Sonnenstrahlen abmühten, die mit geschwollenen Beinen im Wasser arbeiteten, empörte sich seine Faulheit. Nein, nimmermehr würde er Reis bauen! Lieber Zollwächter werden, um an der Küste im Sand zu liegen, oder Gendarm mit gelbem Lederzeug und weißem Kragen wie die, welche bisweilen, aus der fruchtbaren Huerta von Ruzufa kommend, im Dorf auftauchten.

Frei vom Joch der Arbeit, knüpfte Tonet mit seinen Freunden wieder an. Es gab da in den Nachbarhütten zwei besonders gute Kameraden: Neleta und Sangonera.

Die Mutter des Mädchens, einen Vater hatte es nicht, war eine alte Fischhändlerin, die gegen Mitternacht ihre für den Markt in Valencia bestimmten Körbe auf das reguläre Frachtboot, den sogenannten Aalwagen, lud. Wenn die Arme am Spätnachmittag ihre schlaffe, überquellende Fettleibigkeit nach Palmar zurückgeschleppt hatte, ganz erschöpft von der täglichen Fahrt, dem Feilschen und den Streitigkeiten in der Fischhalle, begab sie sich zur Ruhe, um mit den Sternen wiederaufzustehen, und da ihr dieses anormale Leben nicht erlaubte, sich um ihre Tochter zu bekümmern, wuchs Neleta ohne andere Fürsorge auf als die der Nachbarn. Am meisten nahm sich Tonets Mutter des Kindes an, gab ihm, so oft es kam, zu essen und behandelte es wie ein zweites Töchterchen. Doch das Mädchen war weniger gefügig als Borda und begleitete lieber Tonet auf seinen Streifzügen, als bei stundenlangem Stillsitzen die verschiedenen Knüpfarten der Netze zu erlernen.

Sangonera trug denselben Spitznamen wie sein Vater, der bekannteste Säufer der Albufera; ein altes Männchen, das der Alkohol vieler Jahre ausgelaugt zu haben schien. Seit er Witwer geworden war, hatte er sich dem Trunk ergeben, und die Leute, die ihn jede Sorte Alkohol mit wilder Gier schlürfen sahen, tauften ihn «Blutegel», ein Beiname, den er nie wieder los wurde.

Ganze Wochen verschwand er aus Palmar. Dann und wann vernahm man, daß er durch die Dörfer des Festlandes vagabundierte, die reichen Bauern von Caterroja und Masanasa anbettelte und seine Räusche in ihren Strohmieten ausschlief. Blieb er einige Zeit in seinem Heimatdorf, so kamen nachts die ausgelegten Fischnetze abhanden; die mit Aalen gefüllten Reusen leerten sich, bevor ihre Eigentümer sie einholten, und mehr als eine Frau schrie zum Himmel, wenn sie beim Zählen das Fehlen einer Ente feststellen mußte. Der Zollwächter hustete vernehmlich und beäugte Sangonera so aus der Nähe, als wollte er ihm seinen gewaltigen Schnurrbart in die Augen stoßen. Doch der Trunkenbold beteuerte seine Unschuld, wobei er aus Mangel an gewichtigeren Bürgen die Heiligen als Zeugen seiner Makellosigkeit anrief. Und um den schrecklichen Vertreter des Gesetzes zu beschwichtigen, den man oft genug an seiner Seite hatte zechen sehen, obgleich er außerhalb der Tavernen nie einen Freund wiedererkannte, unternahm Sangonera von neuem eine mehrwöchige Reise nach dem anderen Ufer der Albufera.

Der Sohn verweigerte bei diesen Ausflügen seine Begleitung. In einer Art Hundehütte geboren, wohin sich nie ein Stück Brot verirrte, war er von klein auf genötigt, sich wegen der Beschaffung seiner Nahrung den Kopf zu zerbrechen, und fand es praktischer, sich von seinem Vater möglichst fern zu halten, damit er den Ertrag seiner listigen Beutegänge nicht mit ihm zu teilen brauchte.

Wenn die Fischer sich zu Tisch setzten, sahen sie an der Tür einen melancholischen Schatten immer wieder vorbeistreichen, der schließlich, den Kopf gesenkt und den Blick nach oben wie ein junger, angriffsbereiter Stier, an einem Türpfosten haftenblieb. Es war Sangonereta*, der gewissermaßen seinen Hunger mit einer heuchlerischen Miene von Scham und Schüchternheit wiederkäute, während in den Augen des kleinen Spitzbuben die Gier blitzte, sich alles, was er sah, anzueignen.

Diese Erscheinung verfehlte bei den Familien niemals ihren Eindruck. Armes Bürschchen! Und hier einen halb abgenagten Knochen, dort ein Stück Schlei oder eine Brotkruste im Flug ergatternd, füllte er bei diesem Wandern

* Diminutiv für Sangonera: Blutegelchen.

von Tür zu Tür sein Bäuchlein. Sah er die Dorfköter nach wütendem Gebell allesamt nach einer Taverne rennen, so rannte Sangonereta gleichfalls – ahnte er doch, daß Jäger aus Valencia gekommen waren, um sich die berühmte Paella schmecken zu lassen; und wenn die an dem kleinen Tisch der Taverne sitzenden Fremden sich zwischen zwei Bissen mit Fußtritten des Drängens der zutraulichen Hunde erwehren mußten, erschien zu ihrer Hilfe plötzlich ein zerlumpter Bengel, dem es dank des Eifers, mit dem er die ganze Meute verjagte und dank seines bettelnden Lächelns schließlich gelang, sich zum Herrn der in der Pfanne verbliebenen Reste zu machen. Ein Zollwächter hatte ihm eine alte Mütze geschenkt, der Gemeindediener die Hose eines im Röhricht ertrunkenen Jägers. Seine Füße waren stets nackt, doch ebenso kräftig, wie seine Hände, die nie ein Ruder oder eine Stange angerührt hatten, schwach waren.

Schmutzig, hungrig, mit den Fingern jeden Augenblick unter die fettige Mütze fahrend, um sich wütend zu kratzen, genoß er bei dem kleinen Volk ein großes Ansehen. Tonet, der bei weitem Stärkere, hätte ihn mit Leichtigkeit verprügeln können, erkannte aber nichtsdestoweniger Sangoneras Überlegenheit an und befolgte alle seine Weisungen. Es war das Prestige dessen, der sich allein, ohne fremde Hilfe, zu erhalten vermag. Mit Bewunderung, in die sich ein gut Teil Neid mischte, sahen seine Kameraden, wie er vollkommen unabhängig, ohne jegliche Pflichten dahinlebte; und sie, die zu Hause für das geringste Vergehen ein paar derbe väterliche Ohrfeigen erhielten, fühlten sich mehr als Mann, wenn sie diesen Strolch begleiteten, der alles als ihm gehörig betrachtete, aus allem Nutzen für sich zu ziehen wußte und keinen vergessenen Gegenstand in den Booten am Kanal liegen sehen konnte, ohne sich seiner nicht umgehend zu bemächtigen. Den Bewohnern der Luft, die ihm leichter zur Beute fielen als diejenigen des Wassers, hatte er offenen Krieg erklärt. Mit sinnreichen Mitteln eigener Erfindung stellte er den Sperlingen nach, diesen «Moriscos», die die Albufera verseuchen und von den Reisbauern wie die Pest gefürchtet werden. Doch seine beste Jagdzeit war der Sommer, wenn er die Fumarells, die kleinen Möwen des Sees, im Netz fing.

Palomas Enkel half ihm bei diesem Unternehmen. «Wir machen das Geschäft halb und halb», sagte Tonet ernst, und die beiden lagen am Ufer stundenlang auf der Lauer, um rechtzeitig an dem Bindfaden zu ziehen. Hatten sie einen guten Vorrat beisammen, so nahm Sangonera, ein kühner Reisender, den Weg nach Valencia, auf der Schulter das Netz, in dem die weißbrüstigen Fumarells verzweifelt mit den dunklen Flügeln schlugen. Sein gellender Ruf: «Vogelhändler! Vogelhändler!» in den Straßen unweit des Fischmarktes rief schnell die Stadtjungen herbei, die all die kleinen Möwen kauften und sie dann mit einer Schnur am Bein an den Straßenecken fliegen ließen.

Bei der Rückkehr gab es Hader zwischen den Teilhabern und Abbruch der geschäftlichen Beziehungen. Denn Sangonera verweigerte jede Abrechnung. Tonet mochte seinen Freund noch so sehr verprügeln – unmöglich, aus dem Spitzbuben auch nur einen Maravedi herauszuholen. Trotz allem suchte Tonet, beherrscht durch die Verschlagenheit des kleinen Gauners, ihn doch immer wieder in seiner zerfallenen, türlosen Hütte auf, wo er während der meisten Monate die Nächte allein verbrachte.

Als Sangonera ins zwölfte Jahr ging, ließ er nach und nach den Verkehr mit den alten Kumpanen einschlafen.

Sein Parasiteninstinkt riet ihm, die Kirche zu frequentieren als sichersten Weg, sich Eingang ins Pfarrhaus zu verschaffen. In einem Dorf wie Palmar war der Cura ebenso arm wie der erste beste Fischer, doch Sangonera gelüstete es nach dem Meßwein, den er in der Taverne viel hatte loben hören. Überdies aber kam ihm an den Sommertagen, wenn der See in der Sonnenglut zu kochen schien, die kleine Kirche mit ihrem durch die grünen Fenster sickernden Dämmerlicht, den kalkgeweißten Wänden und dem roten Ziegelsteinpflaster, das die Feuchtigkeit des sumpfigen Bodens ausdünstete, wie ein verzaubertes Paradies vor.

«Ah, dieser Taugenichts!» meinte Paloma, der den wasserscheuen Jungen nicht leiden mochte. «Da hat er sich ja den richtigen Beruf erwählt!»

Begab sich der Cura nach Valencia, so trug ihm Sangonera das in ein großes Taschentuch gehüllte Wäschebündel zum Fährboot und lief noch eine Zeitlang am Ufer mit, um sich mit einer Rührseligkeit zu verabschieden, als sollte er ihn nie wiedersehen. Der Pfarrköchin ging er flink zur Hand, sammelte Brennholz im Wald, holte Trinkwasser aus den Quellen, die vom Seeboden aufsprudelten, und fühlte die Schauer einer naschhaften Katze, wenn er ganz allein in dem stillen Zimmerchen, das als Sakristei diente, die Reste von des Pfarrers Tisch vertilgen konnte. Frühmorgens aber, am Seil der kleinen Turmglocke, die das Dorf weckte, überkam ihn der ganze Stolz seines Standes. Ja, sogar die Schläge, mit denen der Herr Pfarrer seinen Fleiß anfeuerte, dünkten ihn Merkmale einer Auszeichnung, die ihn über seine Kameraden emporhob.

Bisweilen allerdings wich das Streben, seine Tage im Schatten der Kirche zu verbringen, einer gewissen Sehnsucht nach dem früheren Bummelleben. Dann suchte er Neleta und Tonet auf, und wieder streiften sie an den Kanälen entlang bis zum Anfang der Dehesa, die seinen Gefährten das Ende der Welt bedeutete.

An einem Herbstnachmittag beauftragte sie Tonets Mutter, ihrer lärmenden Spiele in der Hütte müde, am Wald Brennholz für den Winter zu sammeln.

Willig setzten sich die drei Kinder in Marsch. Die Dehesa blühte und duftete wie ein Garten. Von einer fast sommerlichen Sonne geliebkost, standen die Büsche voll von Blüten, über denen summende Insekten wie goldene Knöpfe aufblitzten. Die hundertjährigen Pinien neigten sich mit majestätischem Rauschen, und unter ihren Kuppeln lag ein süßes Zwielicht, ähnlich dem einer riesengroßen Kathedrale. Manchmal flimmerte zwischen zwei Stämmen ein Sonnenstrahl auf, als bräche er durch die Laden eines Fensters.

Tonets und Neletas bemächtigte sich jedesmal, wenn sie in den Wald eindrangen, dieselbe Erregung. Sie hatten Angst, ohne zu wissen, warum. Waren sie nicht in dem Zauberschloß eines unsichtbaren Riesen, der sich von einem Moment zum anderen zeigen konnte?

Sie folgten den gewundenen Pfaden, bald verborgen unter den dichten, sich über ihren Köpfen wiegenden Büschen, bald aufwärtssteigend zu einer Düne, von deren Höhe sie durch die Säulenreihen der Bäume den ungeheuren Spiegel des Sees erblickten, mit kleinen Flecken besät, Fischerbarken, nicht größer als Fliegen.

Die Füße der Kinder glitten auf dem feuchten Humusboden aus. Beim Geräusch ihrer Schritte, bei einem leisen Ausruf erbebte das Gebüsch unter dem tollen Lauf unsichtbarer Tiere. Es waren Kaninchen, die davonjagten.

Und verschwommen ertönten aus weiter Ferne die Glocken der am Meer weidenden Herden.

Die Stille und der Duft dieses heiteren Nachmittags machte die Kinder trunken. Wenn sie sonst den Wald an Wintertagen betraten, bedrückte das kahle Buschwerk, der kalte, vom Meer blasende Ostwind, der ihre Hände erstarren ließ, der ganze traurige Anblick der Dehesa im grauen Licht eines bedeckten, trüben Himmels sie derart, daß sie eiligst am Waldesrand ihr Reisigbündel zusammenlasen, um sofort wieder nach Palmar zu flüchten.

Doch an diesem Tag gingen sie vertrauensvoll vorwärts mit dem brennenden Verlangen, den ganzen Wald zu durchstreifen, und kämen sie auch bis zum Ende der Welt.

Sie schritten von Überraschung zu Überraschung. In dem instinktiven Wunsch der Frau, sich zu schmücken, brach Neleta, statt Holz zu sammeln, Myrtenzweige für ihr loses Haar. Dann band sie aus Pfefferminz und anderen blütenbedeckten Kräutern, deren durchdringender Geruch ihnen die Sinne nahm, Sträuße für ihre Begleiter, während Tonet ihr einen Kranz aus Glockenblumen aufs Haar setzte.

«Neleta», lachte er, «jetzt siehst du genauso aus wie die gemalten Engelköpfchen am Altar unserer Kirche!»

Sangonera aber schnüffelte gierig nach etwas Nützlichem, etwas Brauchbarem in dieser leuchtenden, duftenden Natur. Er kaute die wilden, roten Vogelkirschen, und mit einer Kraft, die ihm nur der leere Magen verleihen konnte, riß er kleine Palmen aus der Erde, um aus ihren fleischigen Hüllen die zarten, süßen Blätter auszuschälen.

Auf den Lichtungen, tiefgelegenen Plätzen, wo die winterliche Überschwemmung keine Bäume wachsen ließ, gaukelten vielfarbene Schmetterlinge. Libellen, wie eine

Fee angetan, mit silbernen Flügeln, smaragdenem Rücken und goldener Brust lockten die Kinder kreuz und quer, wenngleich Dornen und die scharfen Schilfblätter in ihre nackten Füße stachen. Begeistert von der Schönheit des Waldes stürmten sie weiter. Auf den Fußpfaden entdeckten sie prächtige bunte Raupen, zu Leben erwachte Blüten, die sich wellenförmig weiterbewegten. Staunend nahmen sie diese seltsamen Wesen zwischen ihre Finger, gaben sie wieder frei und legten sich auf den Bauch, um gespannt zuzuschauen, wie die dicken Raupen sich langsam im Moos verkrochen.

Dem Zufall folgend, waren sie, ohne auf die Veränderung in der Landschaft zu achten, immer tiefer in das Dickicht der Niederung vorgedrungen, bis sie plötzlich gewahr wurden, daß ein fast abendliches Dämmerlicht sie umgab. Und immer näher ertönte ein unaufhörliches Brüllen, das Brüllen des gegen die andere Seite der Dünenkette anbrandenden Meeres.

Die Pinien wuchsen nicht mehr gerade und stolz wie auf der Seite des Sees. Ihre Stämme waren verrenkt, verdreht, ihre Zweige von seltsamem Weiß, ihre Kronen gegen den Boden geneigt. Alle standen sie schräg nach der gleichen Richtung gebeugt, als führe in der stillstehenden Luft des Nachmittags eine unhörbare Windsbraut über sie dahin. Zur Zeit der großen Stürme marterte der Seewind diesen Teil des Waldes und hatte ihm einen grausigen Anblick gegeben.

Die Kinder wichen zurück; diesen Winkel der Dehesa hatten sie als wildesten und gefahrvollsten schon erwähnen hören. Das tiefe Schweigen ringsum und die Unbeweglichkeit des Strauchwerks machten ihnen angst: hier krochen die großen, von den Waldaufsehern verfolgten

Schlangen; hier weideten die fürchterlichen Stiere, die sich von den Herden getrennt hatten und deren sich die Jäger mit groben Salzladungen erwehren mußten. Sangonera, ein besserer Kenner der Dehesa als seine Gefährten, übernahm es, sie nach dem See zurückzuführen, aber die jungen Palmen lockten ihn immer wieder abseits, bis auch er die Richtung gänzlich verlor. Der Abend brach an. Neleta erschrak vor dem sich ständig mehr verdüsternden Wald. Die beiden Jungen jedoch lachten. War der Pinienwald nicht wie ein großes Haus, in dem es genau wie in der Hütte schon vor Sonnenuntergang dunkel wurde? Draußen hingegen blieb es noch gut eine Stunde hell. Warum also eilen? Und um sie zu beruhigen, brachte ihr Tonet die zartesten Schößlinge.

Jetzt aber kam wirklich die Nacht. Die Viehglocken waren verstummt, und sogar Sangonera meinte, daß es Zeit sei, die Dehesa zu verlassen.

«Aber erst noch etwas Holz sammeln», mahnte Tonet, «sonst setzt es zu Hause was!»

In großer Hast rafften sie dürres Reisig zusammen; dann machten sie sich, jeder mit einem mageren Bündelchen, auf den Heimweg.

Minuten – und sie tappten in vollkommener Dunkelheit. Nach der Seite, wo sie die Albufera vermuteten, schimmerte wie der Schein einer verlöschenden Feuersbrunst noch ein roter Glast, doch im Wald zeichneten sich Stämme und Büsche nur als tiefere Schatten auf einem schwarzen Hintergrund ab. Auch Sangonera, der nicht mehr wußte, wohin er ging, verlor seine Sicherheit. Nach einem Fußpfad suchend, zwängten sie sich durch Dornengestrüpp, das ihre Beine blutig riß. Plötzlich schrie Neleta auf und stürzte, sie war über den Stumpf einer dicht am

Boden abgehauenen Pinie gestolpert. Leise schluchzend, als fürchte sie, durch lautes Weinen die das Dunkel bevölkernden schrecklichen Tiere herbeizuziehen, jammerte sie über ihren verletzten Fuß.

«Lassen wir diese Suse, die nichts als heulen kann, doch einfach zurück», äußerte Sangonera, worauf ihm Tonet ganz ungeheuerliche Prügel in Aussicht stellte, falls er es sich einfallen lassen sollte, sich heimlich zu drücken.

Den Boden abtastend, kamen sie langsam weiter, bis endlich das Gestrüpp sich zu lichten schien.

«Sangonera, jetzt können wir einen Pfad finden!» rief Tonet seinem Gefährten, der vorausmarschierte, mit frischem Mut zu.

Ein Brechen von Zweigen, ein Rauschen auf der Flucht gestreiften Buschwerks war die einzige Antwort.

«So ein Lump!» wütete Tonet. «Anstatt dir zu helfen, macht er sich davon!» Allein geblieben, ohne die Findigkeit des Vagabunden, die ihnen unentbehrlich schien, schwand den beiden Kindern mit einem Schlage der Rest von Kaltblütigkeit. Neleta weinte, alle Vorsicht vergessend, so laut, daß der stille Wald von ihrem Schluchzen widerhallte. Diese maßlose Angst ließ Tonets Energie wiederaufleben. Er legte seinen Arm um die Schulter der bebenden Kleinen, er stützte sie, er sprach ihr gut zu und bat sie, ihm zu folgen, ohne selbst zu wissen, wohin.

Eine lange Weile standen sie so: sie krampfhaft schluchzend; er bemüht, sich über das Grauen vor dem Unbekannten hinwegzusetzen.

Etwas Glitschiges, etwas Eisiges strich dicht an ihnen vorbei und peitschte ihre Wangen, vielleicht eine Fledermaus; und diese Berührung, die sie schaudern ließ, riß sie aus ihrer lähmenden Untätigkeit. In irrsinniger Hast liefen sie weiter, fielen, verwickelten sich in Ranken, stießen sich an Bäumen, bebend vor den Geräuschen, die ihre Flucht zu hetzen schienen. Beide litten unter demselben Gedanken, verbargen ihn aber instinktiv vor dem andern, um die Angst nicht zu vergrößern: die Erinnerung an Sancha spukte in ihren Köpfen. Sämtliche Legenden, die sie abends, geborgen am sicheren Feuer der Hütte, hatten erzählen hören, lebten in ihrer Phantasie wieder auf, und wenn sie mit ihren Händen gegen einen Stamm streiften, glaubten sie die schuppige, kühle Haut riesiger Schlangen zu berühren. Das Geschrei der Wasserhühner im fernen Röhricht des Sees klang ihnen wie der klagende Ruf von Menschen, die man mordete. Und dazu weckte ihr wahnwitziger Lauf quer durchs Gebüsch in der dunklen Moos- und Krautdecke allerlei geheime Wesen, die ebenfalls unter dem Rascheln der trockenen Blätter flohen.

So kamen sie zu einer großen Lichtung, ahnungslos, an welcher Stelle des endlosen Waldes sie sich befanden. Über ihnen breitete sich gleich einer ungeheuren, über die schwarzen Baummassen gespannten Leinwand der tiefblaue, lichtgesprenkelte Himmel aus.

Die beiden Kinder machten halt auf dieser hellen, ruhigen Insel. Ihnen mangelte die Kraft weiterzugehen, und in quälender Furcht vor dem unergründlichen Wald, der sich ringsum wie eine Woge von Schatten bewegte, setzten sie sich ins Gras, engumschlungen, als würde durch den Kontakt ihrer Körper ihre Zuversicht gestärkt. Neleta weinte nicht mehr; von Schmerz und Müdigkeit überwältigt, lehnte sie den Kopf an die Schulter ihres Freundes, während Tonet nach allen Seiten spähte. Mehr als dem Düster im Wald mißtraute er dieser dämmerigen Helle, in der er von einem Moment zum anderen die Silhouette eines wilden Tieres zu sehen glaubte. Der Ruf des Kuckucks zerriß das Schweigen; die Frösche in einem nahen Pfuhl, die bei ihrem Kommen verstummt waren, nahmen ihre Melodie wieder auf; ein Gewimmel dunkler Pünktchen, summten beharrliche, unerträgliche Moskitos um die beiden Köpfchen.

Allmählich gewannen die Kinder ihre Ruhe zurück. Der Platz war gar nicht so schlecht. Konnten sie die Nacht nicht hier verbringen? Die Wärme ihrer aneinandergepreßten Körper gab ihnen neues Leben; sie vergaßen die Furcht und die wilde Flucht durch den Wald.

Über den Pinien, meerwärts, begann ein weißlicher Schimmer den Himmel zu bleichen. Die Sterne schienen zu verlöschen, in einer Woge von Milch zu ertrinken. Erregt durch das Geheimnis, das der Wald verhüllte, verfolgten die beiden mit innerer Unruhe diese Erscheinung, nicht anders, als müßte jemand, in einen Nimbus von Licht gehüllt, zu ihrer Hilfe herbeifliegen. Die Zweige der Pinien hoben sich mit ihrem Nadelgespinst ab wie schwarze Federzeichnungen auf einem glänzenden Grund. Etwas Blitzendes tauchte nach und nach über den Baumkronen auf. Zuerst war es eine gebogene Linie, ähnlich einer Augenbraue aus Silber; dann ein blendender Halbkreis, und endlich ein enormes Gesicht in der weichen Farbe des Honigs, dessen leuchtendes Haar die benachbarten Sterne umschwebte. Der Mond schien den beiden Kindern zuzulächeln, die ihn mit der Verehrung kleiner Wilder betrachteten.

Bei dem Erscheinen dieses pausbäckigen Antlitzes veränderte sich der Wald. Die Binsen der Lichtung blitzten wie metallene Stäbe; am Fuß eines jeden Baumes lag ein unruhiger, schwarzer Fleck, und der Busch schien zu wachsen, sich zu verdoppeln mit den Schattenbäumen, die sich auf dem beleuchteten Boden ausbreiteten. Jetzt begannen auch die Buxquerots, die scheuen Nachtigallen des Sees, denen die Freiheit über alles geht, die sterben, sobald der Käfig sie umschließt, auf allen Seiten der Lichtung zu singen, und sogar die Moskitos summten sanftmütiger in dem lichtdurchtränkten Raum.

Die Kinder fingen an, ihr Abenteuer angenehm zu finden.

Neleta fühlte keine Schmerzen mehr am Fuß und sprach leise ins Ohr ihres Gefährten. Ihr frühreifer Instinkt des Weibes, ihre List, die List eines verlassenen, vagabundierenden Kätzchens, machten sie Tonet überlegen.

«Laß uns im Wald bleiben, ja? Wenn wir morgen früh ins Dorf zurückkehren, denken wir uns etwas aus, um unser Ausbleiben zu erklären. Natürlich muß Sangonera der Schuldige sein. Willst du? Was sehen wir hier nicht alles! Und dann schlafen wir wie Mann und Frau.»

In ihrer Unschuld schauerten sie bei diesen Worten zusammen, drängten sich dann aber noch enger aneinander, als folgten sie einem Gebot ihrer Zärtlichkeit, die Wärme ihrer Körper zu verschmelzen.

Tonet wurde von einer seltsamen, unerklärlichen Trunkenheit ergriffen. Nie hatte für ihn der Körper seiner Kameradin, so oft beim rüden Spiel geprügelt, diese süße Wärme gehabt, die in seine Adern einzudringen schien und ihm zu Kopf stieg wie der Wein, den ihm der Großvater in der Taverne erlaubte. Er blickte vage vor sich hin, aber in Wirklichkeit war seine ganze Aufmerksamkeit auf Neletas Köpfchen an seiner Schulter gerichtet, auf diesen Mund, dessen Hauch seinen Hals wie eine Samthand koste. Beide verstummten, und ihr Schweigen erhöhte den

Zauber. Neleta öffnete ihre grünen Augen, auf deren Grund der Reflex des Mondes einen Tautropfen schuf, rutschte ein wenig hin und her, um die beste Lage zu finden, und schloß sie wieder.

«Tonet, Tonet!» murmelte sie schon halb im Traum und schmiegte sich noch dichter an ihn.

Wie spät war es? Der Junge merkte, wie seine Lider sich senkten, weniger schwer von Schlaf als von dem rätselhaften Rausch, der ihn lähmte. Von allem Murmeln des Waldes vernahm er nur das Summen der Moskitos, die als dunkles Wölkchen über ihren Gesichtern schwirrten, Gesichter der Kinder vom See, deren Haut Sonne und Wind hart macht.

Es war ein sonderbares Konzert, das sie einwiegte und weich über die ersten Wogen des Schlafs gleiten ließ. Da kreischten einige wie schrille Violinen, die schneidende Note ins Unendliche verlängernd; andere, ernsthafter, modulierten eine kurze Skala, und die beleibtesten, die ganz dicken brummten dumpf vibrierend wie tiefe Kontrabässe oder ferne Schläge einer Uhr.

Am nächsten Morgen weckte sie die Sonne, die heiß auf ihrer Stirn brannte, und der Hund eines Flurhüters. Knurrend fletschte er seine Zähne dicht vor ihren Augen.

Sie befanden sich fast am Ausgang der Dehesa, und der Heimweg nach Palmar war kurz.

Tonets Mutter, die immer Nachsichtige und Traurige, lief, um sich für eine qualvolle Nacht zu entschädigen, mit einem Stock in der Hand auf ihren Sprößling zu, den trotz seiner Behendigkeit ein paar Schläge erreichten. Auch Neleta erhielt als eine Art Vorschuß auf das Strafgericht, das ihr bei der Rückkehr ihrer Mutter gewiß war, etliche derbe Ohrfeigen.

Seit diesem Streich nannte das ganze Dorf in stummer Übereinkunft Tonet und Neleta «das Brautpaar», und die beiden, wie für immer durch die Nacht des unschuldigen Zusammenseins verbunden, liebten sich, ohne es sich durch Worte zu sagen: für sie war es selbstverständlich, daß einer dem anderen gehörte.

Dieses Abenteuer bezeichnete das Ende ihrer Kindheit. Das fröhliche Umhertollen, das sorglose Dasein ohne Pflichten hörte auf. Neleta teilte das Leben ihrer Mutter: Nacht für Nacht fuhr sie mit den Aalkörben nach Valencia, von wo sie erst am nächsten Nachmittag zurückkehrte. Und auch Tonet, der sie nur noch abends einen Augenblick zu sehen bekam, mußte sich plagen.

Der sonst so gutmütige Vater stellte jetzt, da sein Sohn herangewachsen war, dieselben Ansprüche wie früher der alte Paloma, und Tonet wurde wie ein resigniertes Tier zur Arbeit geschleppt. Toni, dieser zäh an seinem Vorhaben festhaltende Held, war unerschütterlich in seinen Entschlüssen: während der Reisaussaat und der Ernte mühte sich der Junge auf den Feldern von Saler ab, den Rest des Jahres fischte er mit seinem Vater, bisweilen auch mit dem Großvater, obwohl der unausgesetzt gegen das verflixte Pech wetterte, daß solche Bummler in seiner Familie geboren wurden.

Ein wenig fühlte sich Tonet auch durch Langeweile zur Arbeit angetrieben. Was sollte er im Dorf, das tagsüber niemanden beherbergte, mit dem er sich die Zeit hätte vertreiben können? Neleta verkaufte ihre Aale in Valencia, und seine alten Kameraden, gleich ihm dem Kindesalter entwachsen, mußten ihren Vätern beim Fischen an die Hand gehen. Blieb noch Sangonera; aber dieser Schlingel schlug in Erinnerung an die furchtbaren Prügel, mit denen ihm Tonet die Flucht aus dem Wald heimgezahlt hatte, einen weiten Bogen um seinen früheren Kumpan.

Dem Tunichtgut war es gelungen, endgültig als Diener im Pfarrhaus aufgenommen zu werden, und die zerfallene Hütte, durch deren Dach der Regen wie auf freiem Feld fiel, gewährte nur noch seinem Vater dann und wann Unterschlupf.

Der alte Sangonera hatte jetzt einen Beruf. Wenn er nicht betrunken war, widmete er sich der Jagd auf die Fischotter, die, jahrhundertelang erbittert verfolgt, kaum noch ein Dutzend zählten.

Als er eines Tages auf einer Uferböschung seinen Wein verdaute, hatte er das Wasser in kleinen Strudeln aufwallen und große Luftblasen aufsteigen sehen. Irgend etwas huschte dort unten herum und suchte die Reusen ab. Mit einem Satz stand Sangonera im Wasser, trieb ein dunkles Tier auf und hetzte ihm nach, bis er nahe genug kam, um es mit seinem Knüppel zu erschlagen.

Es war die berühmte Lludria, von der man heute in Palmar wie von einem phantastischen Tier sprach, die aber einstmals den See in solcher Menge bevölkerte, daß sie, die Netze zerreißend, den Fischfang beinahe unmöglich machte.

Der Vagabund hielt sich für den ersten Mann des Albufera. Auf Grund alter Gesetze, genau verzeichnet in den dicken, vom Schöffen verwahrten Folianten, war die Fischergenossenschaft in Palmar verpflichtet, für jeden ihr vorgezeigten Fischotter einen Duro zu zahlen.

Der Alte nahm seine Prämie in Empfang. Aber damit nicht zufrieden, entschloß er sich zu einer Triumphfahrt rings um das Ufergestade des Sees, um in allen Ortschaften seine Beute zu zeigen. Dieses Tier war ein Schatz! Überall rief man ihn; keine Taverne gab es, wo man ihn nicht mit offenen Armen empfing.

«Hereinspaziert, Väterchen Sangonera! Laß uns mal dein Biestchen sehen!» Und Sangonera, der sich erst mit einigen Glas Wein traktieren ließ, wickelte ganz verliebt aus einer wollenen Decke das weiche Körperchen, gestattete auch, das Fell zu bewundern und mit der Hand zu streicheln – «aber schön vorsichtig, he!».

Niemals hatten den kleinen Sangonera, als er zur Welt kam, die Arme seines Vaters mit solch behutsamer Zärtlichkeit gehalten. Aber die Tage vergingen; die Leute bekamen es satt, die Lludria zu bestaunen. Nicht einmal ein Gläschen billigen Schnapses war sie ihnen noch wert! Ja, aus den Tavernen wurde der Alte wie ein Pestkranker hinausgeworfen, da sein verwesender Fischotter einen entsetzlichen Gestank ausströmte. Da fand er das Mittel, noch einen letzten Gewinn aus dem lieben Tierchen herauszuholen, indem er es an einen Ausstopfer in Valencia verkaufte. Hinfort aber erklärte er der ganzen Welt, daß er nunmehr erkannt hätte, wozu er wahrhaft berufen sei: zum Otterjäger.

Mit dem Eifer eines Menschen, der dem Glück nachjagt, begab er sich auf die Suche nach einem anderen. Sowohl die Prämie der Fischergenossenschaft als auch die acht Tage Essen und Trinken nach Herzenslust hafteten unauslöschlich in seinem Gedächtnis. Nur ließ sich der zweite Fischotter leider nicht fassen. Bisweilen glaubte er, ihm in den entlegensten Kanälen zu sehen; aber sofort verbarg er sich, als hätten alle zu ihrer Familie Gehörigen von dem neuen Beruf Sangoneras Kenntnis erhalten. Seine Verzweiflung trieb ihn, sich a conto der in Aussicht stehenden Otter zu betrinken, und schon hatte er mehr als zwei durch seine Gurgel laufen lassen, als Fischer ihn nachts in einem Kanal fanden. Ertrunken! Auf dem schlüpfrigen Schlamm ausgeglitten und in seinem Rausch nicht fähig, wieder hochzukommen, war er im Wasser geblieben, für ewig auf der Jagd nach seiner Lludria.

Sein Tod brachte keinerlei Veränderung für seinen Sohn. Die Vikare von Palmar, wohin versetzt zu werden einer Strafe gleichkam, folgten sich; doch er blieb. Mit dem ärmlichen Kirchlein übernahm jeder neue Pfarrer auch Sangonera wie einen für den Gottesdienst unentbehrlichen Gegenstand. Im ganzen Dorf verstand nur er, bei der Messe zu dienen. In seinem Gedächtnis war die Liste sämtlicher in der Sakristei aufbewahrter Ornate verzeichnet, zugleich mit der genauen Anzahl ihrer Risse, gestopften Stellen und Mottenlöcher, und im Bestreben, sich seinem Herrn angenehm zu machen, zeigte er sich so willig, daß jede Anordnung desselben im Moment ausgeführt wurde. Der Gedanke, daß er als einziger Sohn Palmars nicht auf dem See herumstakte und nachts auf dem Wasser lag, ließ ihn, von Hochmut gebläht, auf alle anderen herabsehen.

Früh am Sonntag war er es, der mit dem Kreuz der Rosenkranzprozession voranschritt. Zwei Reihen von singenden Männern, Frauen und Kindern folgten langsam der einzigen Dorfstraße und zogen, damit die Zeremonie noch länger dauere, weiter über die Uferdämme bis zu den entlegenen Hütten. In dem halben Licht des werdenden Tages blitzten die Kanäle wie Platten von dunklem Stahl, die Wölkchen über dem See färbten sich rot, und von den Strohdächern der Fischbehälter flogen Schwärme von Morisken auf, die, ihres Daseins und ihrer Freiheit froh, mit lustigem Piepsen die monotone, melancholische Weise der Gläubigen beantworteten.

«Erwache, Christ!» sang der Rosenkranz durchs Dorf.

Ein drolliger Ruf! Denn alle Bewohner, klein und groß, gingen in der Prozession, und in den leeren Anwesen erwachten nur bellende Hunde und Hähne, deren sonorer Schrei die traurige Melodie übertönte wie ein Trompetenstoß, der das neue Licht und die Freude eines weiteren Tages begrüßt.

Tonet, wie die anderen der Prozession folgend, erfaßte ein grimmiger Zorn, wenn er seinen alten Kameraden allen voran, fast ein General, an der Spitze marschieren sah, das Kreuz hochgereckt, als trüge er eine Fahne. «Ah, dieser Bandit! Wie der es verstanden hat, sich das Leben nach seinem Belieben einzurichten!»

Inzwischen lebte er selbst vollkommen abhängig von seinem immer ernsteren und immer weniger mitteilsamen Vater, der im Grunde ein guter Mensch war, dessen hartnäckiger Fanatismus für die Landarbeit jedoch bis zur Grausamkeit gegen die Seinen ausartete. Schlechte Zeiten! Die Felder von Saler gaben nicht zwei gute Ernten hintereinander, so daß die Wucherer, zu denen Toni seine Zuflucht genommen hatte, den größten Teil des Ertrags einheimsten. Auch in der Fischerei wandte sich das Glück von den Palomas ab: beim Verlosen der Plätze durch die Genossenschaft holten sie sich stets die minderwertigsten Stellen. Obendrein siechte die Mutter dahin, verzehrte sich langsam wie eine Kerze, ohne anderes Licht als den krankhaften Glanz ihrer Augen.

Das Leben war traurig für Tonet. Keine ausgelassenen Streiche mehr, die das Dorf in Aufregung versetzten; kein Verhätscheln durch Nachbarinnen, die ihn den hübschesten Jungen von Palmar nannten. Und auch keine Vorzugsstellung mehr unter seinen Kameraden, um am Tag der Verlosung die Nummern aus dem Ledersack der Genossenschaft zu ziehen. Jetzt war er ein Mann; doch während er früher als verwöhntes Kind dem ganzen Haus seinen Willen auferlegt hatte, wurde er nun kommandiert und bedeutete ebensowenig wie Borda. Bei der geringsten Auflehnung hob sich drohend die schwere Faust seines Vaters, ganz im Sinne des alten Paloma, der laut lachend erklärte, daß man nur auf diese Art die Leute auf den richtigen Weg brächte. – Beim Tod seiner Schwiegertochter schien die frühere Zuneigung zu seinem Sohn im Herzen des Greises wieder zu erwachen. Mit dem Verschwinden dieses fügsamen, all seine Marotten meist stumm ertragenden Geschöpfes fühlte er um sich eine Leere und suchte Halt bei Toni. Wohl war der ungehorsam; doch nie wagte er, ihm offen zu widersprechen.

Wie in alten Zeiten fischten sie gemeinsam und gingen auch wohl für ein Weilchen zusammen ins Wirtshaus, während Borda mit der frühreifen Energie unglücklicher Kreaturen die Hausarbeit besorgte.

Neleta wurde ebenfalls zur Familie gehörig angesehen. Ihre Mutter konnte den Markt in Valencia nicht mehr besuchen. Die Feuchtigkeit der Albufera schien bei ihr bis in das Mark der Knochen eingesickert zu sein, und die beklagenswerte Frau saß mit gelähmtem Körper in ihrer Hütte, stöhnend vor rheumatischen Schmerzen und machtlos, ihren Unterhalt zu verdienen. Wenn das, was ihnen die übrigen Fischhändlerinnen aus ihren Körben schenkten, nicht genügte, um Neletas Hunger zu stillen, lief sie zu Palomas Hütte, wo sie, die Autorität der Älteren betonend, der kleinen Borda half. Immer fand sie eine freundliche Aufnahme, denn Tonis steter Kampf gegen das Elend ließ ihn großmütig allen helfen, denen es noch schlechter ging.

Neletas Beziehungen zu Tonet nahmen allmählich einen mehr geschwisterlichen Charakter an. Der Junge kümmerte sich nicht viel um sie. Ihrer Treue glaubte er sicher zu sein. Wen hätte sie auch lieben können? Durfte sie überhaupt einem anderen Aufmerksamkeit schenken, nachdem das ganze Dorf sie für Verlobte hielt? Und er behandelte Neleta, die schön wie eine seltene Blume in der Misere heranwuchs, mit einer Ungezwungenheit, als wären sie schon verheiratet. Manchmal verstrich eine Woche, ohne daß er sich mit ihr beschäftigte.

Andere Sachen steckten ihm im Kopf, diesem Fant, der als feschester Bursche von Palmar galt. Stolz auf seinen Ruf, vor nichts und niemandem Angst zu haben, raufte er bei jeder Gelegenheit, wobei er noch stets Sieger geblieben war. Sogar ein Fischer von Catarroja, ein brutaler Draufgänger, mußte vor Tonets Fitora flüchten. Sein Vater krauste die Stirn, wenn er hörte, daß es wieder einmal blutige Köpfe gegeben habe; Paloma hingegen lachte, für einen Moment mit seinem Enkel ausgesöhnt. Am meisten imponierte dem Alten, daß Tonet eines Tages den Flurhütern die Stirn zu bieten wagte und unter ihren Augen mit seinen gewilderten Kaninchen abzog.

«Arbeiten kann er nicht», meinte der Großvater, «aber von meinem Blut ist er!»

Sobald dieser Grünschnabel, der noch nicht achtzehn Jahre alt war und dennoch dem Dorf so viel zu reden gab, aus dem Boot stieg, suchte er seine Lieblingsstätte auf, ein neues Etablissement, von dem die ganze Albufera viel Wesens machte. Im Gegensatz zu anderen Kneipen, Hütten mit niedrigem, verräuchertem Dach, ohne anderes Luftloch als die offene Tür, war Cañamels Taverne ein wirkliches Haus.

Wie ein Wunderwerk erhoben sich seine blaubemalten Backsteinmauern und das rote Ziegeldach über die Armseligkeit der strohbelegten Hütten. Von den beiden Türen führte die eine zum Kanal, die andere zur Dorfstraße. Und der Raum zwischen diesen Türen wurde nie leer von Reisbauern und Fischern, die teils an der Theke im Stehen tranken, dabei wie hypnotisiert die beiden Reihen roter Fässer betrachtend, teils auf grasgepolsterten Schemeln vor den schmalen Tischen saßen, um endlose Partien Brisca* und Truque* zu spielen.

Der Luxus dieser Taverne bildete den Stolz ihrer Kunden. Die Wände waren bis in Mannshöhe mit valencianischen Fliesen bedeckt, über denen sich bunte, phantastische Landschaften hinzogen, und vom Gebälk hingen Schnüre von Rotwürstchen, Hanfschuhe und Bündel rauher, gelber Seile, wie sie die großen Barken zum Takelwerk benutzten.

«Muß dieser Dicke Geld haben!» sagten alle bewundernd.

Er war Gendarm auf Kuba gewesen, dann Zollwächter in Spanien. Später, vom Geschick nach Algier verschlagen, war er während mancher Jahre dort so ziemlich jedem Gewerbe nachgegangen. Ein kluger Mann!

Nie hatte man in Palmar so guten Wein getrunken wie bei ihm. Alles überhaupt in diesem Haus war vom Besten. Jeder Kunde wurde freundlich empfangen, und über die Preise konnte man nicht klagen.

Dieser Cañamel stammte nicht aus Palmar, nicht einmal aus dem Valencianischen, sondern aus einer fernen, sehr fernen Gegend, wo man reines Spanisch spricht. Als er in

* Kartenspiele.

seiner Jugend den Zollwächterdienst in der Albufera versah, hatte er ein armes und häßliches Mädchen aus Palmar geheiratet, dem zuliebe er sich mit den Ersparnissen seines vom Zufall abhängig gewesenen Lebens in ihrem Heimatdorf niederließ. Seine Frau war krank, verbraucht durch die allzu vielen Reisen, die sie unablässig von ihrem ruhigen, abgeschiedenen Winkel am See träumen ließen.

«Ah, so ein Gerissener!» ereiferten sich die übrigen Wirte vom Dorf, die ihre Kundschaft zu Cañamel abschwenken sahen. «Als ob man nicht wüßte, warum er den guten Wein so billig verkaufen kann! Was ihn am wenigsten interessiert, ist doch seine Taverne!»

Cañamel lächelte nur gütig, wenn man ihm solche Äußerungen hinterbrachte: «Schließlich müssen wir ja alle von irgend etwas leben!»

Seine Intimsten wußten, daß diese Nachreden einer Berechtigung nicht entbehrten. Die Taverne spielte allerdings keine wesentliche Rolle; sein Hauptgeschäft begann erst sehr spät, nach Feierabend. Nicht umsonst war er Zollwächter gewesen und kannte jeden Strand! In düsteren Nächten wurden irgendwo an der Meeresküste Bündel abgesetzt, von einem Schwarm schwarzer Schatten in Empfang genommen und quer durch die Dehesa bis zum Seeufer fortgeschafft. Dort füllten sich die großen Barken, die «Lauten» der Albufera, die bis hundert Sack Reis laden können, mit Tabakballen, um dann langsam im Dunkel der Lagune zu verschwinden. Und am nächsten Morgen – nichts gesehen, nichts gehört!

Als Mannschaft für diese Expeditionen erkor Cañamel die Verwegensten unter den Kunden seiner Taverne; und trotz seiner Jugend wurde Toni dank seines Mutes und seiner Verschwiegenheit mehrere Male durch das Vertrauen des Schankwirts geehrt. Solch nächtliche Arbeit konnte einem zuverlässigen Mann zwei oder drei Duros Verdienst einbringen, die aber, in Wein und Schnaps umgesetzt, schnell wieder in Cañamels Hände zurückkehrten. Und dabei äußerten diese Tröpfe, wenn sie sich am folgenden Tag der Gefahren einer Unternehmung erinnerten, bei der sie selbst die erste Rolle gespielt hatten, noch in bewunderndem Ton: «Hat dieser Cañamel Courage im Leib!»

Alles ging wunderschön. Seine Freunde in Algier sandten pünktlich ihre Ladungen, und an der Küste waren die meisten Zollwächter infolge seiner gewichtigen Händedrücke blind. Kurz, trotz der außerordentlichen Generosität, mit der Cañamel alle Mäuler stopfte, die ihm schaden konnten, blühte das Geschäft derart, daß er sozusagen über Nacht vermögend wurde. Nach Ablauf des ersten Jahres konnte er schon Reisfelder kaufen, und im oberen Stockwerk der Taverne verfügte er über einen Sack voll Silbergeld, um Hilfesuchenden mit Darlehen aus der Not zu helfen.

Ebenso schnell wuchs sein Ansehen. Im Anfang hatte man ihm wegen des weichen, honigsüßen Akzents, mit dem er sich nur mühsam auf Valencianisch ausdrückte, den Spitznamen Cañamel gegeben. Als er dann reich wurde, nannten ihn die Leute, doch ohne den Spitznamen zu vergessen, Paco, wie er es nach den Worten seiner Frau in seiner Heimat gewohnt gewesen war, und ärgerlich fuhr er jedesmal hoch, wenn man ihn wie alle übrigen Franciscos im Dorf Quico anzureden erkühnte.

Beim Tod seiner Frau, der Gefährtin seiner schlechten Tage, versuchte deren jüngere Schwester Samaruca, eine häßliche Fischerwitwe von herrschsüchtigem Charakter, sich, von der ganzen Verwandtschaft begleitet, als Herrin in der Taverne zu installieren. Alle umschmeichelten sie Cañamel mit der Zuvorkommenheit, die einem reichen Verwandten gebührt, und betonten, wie schwierig es für einen Mann sei, allein einer Taverne vorzustehen. Doch Cañamel, der die böse Zunge seiner Schwägerin fürchtete und dem es vor der Möglichkeit graute, daß sie nach dem noch warmen Platz ihrer Schwester trachten könnte, setzte sie, dem Skandal ihres Gezeters Trotz bietend, vor die Tür. Für die Aufwartung in der Taverne genügten ihm zwei alte Frauen, die hinfort die scharfen Knoblauch- und Pfeffersoßen zubereiteten und den Schanktisch säuberten, auf dem das ganze Dorf die Ellenbogen durchscheuerte.

Der Fesseln ledig, kritisierte Cañamel jetzt die Ehe. Für einen Mann von seinem Vermögen gab es überhaupt nur eine Konvenienzheirat mit einer Frau, die über einen noch größeren Geldbeutel verfügte als er selber. Und abends lachte er beifällig über die Worte Palomas, der, überaus beredt, sobald er von Frauen sprach, alle seine Vergleiche von den Vögeln der Albufera ableitete.

«Die Weiber! Eine schlimme Pest! Die undankbarsten und vergeßlichsten Kreaturen der Schöpfung! Seht euch doch nur die armen Collvèrts vom See an. Immer sind sie zusammen mit dem Weibchen, und wenn der Jäger eins herunterholt, umflattert das dämliche Männchen, anstatt zu flüchten, so lange die Stelle, wo seine Gefährtin stürzte, bis der Jäger auch ihm ein Ende macht. Fällt aber das Männchen, so huscht das Weibchen, ohne den Kopf zu drehen, munter davon, als wenn nichts passiert wäre, um sich baldigst einen anderen zu suchen. Cristo! So sind sie alle, einerlei, ob sie Federn oder Unterröcke tragen.»

Tonet verbrachte jede Nacht beim Kartenspiel in der Taverne, ungeduldig den Sonntag erwartend, an dem er auch den ganzen Tag dort weilen konnte. Ihm war es ein Genuß, unbeweglich an einem der kleinen Tische zu sitzen, die Weinkanne in Armweite und vor sich ein Häuflein Maiskörner als Spielmarken. Wie schade, daß er nicht reich wie Cañamel sich dieses Herrenleben immer gönnen konnte! Er raste beim Gedanken an die mühselige Arbeit im Boot, die am nächsten Tag auf ihn lauern würde, und seine Passion für ein Faulenzerdasein nahm derartig zu, daß der Wirt den Drückeberger, der sich die Ballen mit solch sichtlicher Unlust auflud, überhaupt nicht mehr zur Teilnahme an den nächtlichen Expeditionen aufforderte.

Oh, dieser Ekel vor einem Leben ohne anderen Horizont als den See! So oft er konnte, fuhr Tonet, den Zorn seines Vaters mißachtend, zur Küste und streifte die Dörfer nach den Burschen ab, mit denen er zur Zeit der Reisernte Freundschaft geschlossen hatte. Einige Male ging er auch nach Valencia mit dem Vorsatz, dort zu bleiben, aber der Hunger trieb ihn wieder nach Hause. In der Stadt hatte er aus nächster Nähe gesehen, daß es Menschen gab, die ohne Arbeit lebten, und er verwünschte seinen Unstern, wie eine Amphibie in einem Landstrich von Schilf und Schlamm bleiben zu müssen, wo der Mensch von Kindesbeinen an sich in einen Kahn vergräbt, diesen ewigen Sarg, ohne den er sich nicht bewegen kann.

Ein Heißhunger nach Vergnügen erwachte in dem Burschen. Er spielte in der Taverne, bis Cañamel ihn um Mitternacht hinaussetzte; er hatte sämtliche Getränke, die in der Albufera ausgeschenkt wurden, erprobt, einschließlich des reinen Absinths, den die Jäger aus Valencia mit dem übelriechenden Seewasser zu mischen pflegten, und mehr als einmal folgte ihm nachts der strenge Blick des Vaters, wenn er mit dem unsicheren Schritt und dem röchelnden Atemholen des Berauschten sein Lager in der Hütte aufsuchte. Der Großvater gab seiner Entrüstung offen Ausdruck:

«Ganz in der Ordnung, daß ihm der Wein schmeckt. Wir liegen ewig auf dem Wasser, und da muß ein guter Kahnfischer den Bauch warm halten. Aber zusammengemischte Getränke? So fing der alte Sangonera an!»

Nichts war von Tonets früherer Zuneigung zurückgeblieben. Er schlug Borda, für ihn nichts als ein unterwürfiges Tier, und wenn er Neleta überhaupt der Aufmerksamkeit würdigte, so erweckten ihre Worte bei ihm nur ein ungeduldiges Brummen. Dem Vater gehorchte er wohl noch, doch mit einer Miene, daß dieser heroische Arbeiter erbleichte und seine mächtigen Fäuste krampfte, als möchte er ihn in Stücke zerreißen. Der Bursche verachtete das ganze Dorf, diese elende, für Hunger und Mühsal geborene Herde, aus deren Reihen er um jeden Preis ausscheiden mußte; und zeigten heimkehrende Fischer stolz ihre mit Aalen und Schleien gefüllte Körbe, so reizte ihn das nur zum Lachen. Beim Vorübergehen am Pfarrhaus sah er des öfteren auf der Schwelle Sangonera, der, im Augenblick den Büchern sehr zugetan, in die Lektüre einer religiösen Schrift vertieft war.

«Dieser Einfaltspinsel!» zischte Tonet. «Als wäre an den Büchern, die ihm der Vikar leiht, etwas gelegen!»

Ah, er selbst, er wollte leben, wollte alles Süße mit einem Schlage genießen! Und er bildete sich ein, daß alle Bewohner der reichen Dörfer jenseits des Sees und der großen, lärmenden Stadt ihm einen Teil der Lust und Wonnen raubten, die ihm rechtmäßig zustanden.

Wenn in Anbetracht der hohen Löhne, zu deren Zahlung die Eigentümer wegen Arbeitermangels genötigt waren, aus allen Enden der Provinz Tausende zur Reisernte nach der Albufera strömten, söhnte er sich vorübergehend mit dem Leben in diesem Winkel der Welt aus. Er sah neue Gesichter und fand neue Freunde unter diesen fröhlichen Gesellen, die, ihre Sichel in der Hand und den Wäschesack auf der Schulter, von einem Ort zum andern wanderten, arbeiteten, solange die Sonne am Himmel stand, um zu zechen, sobald die Nacht hereinbrach.

Diese Leute mit unruhiger Vergangenheit sagten ihm zu. Auch fand er ihre Erzählungen viel interessanter als die alten, am Holzfeuer der Hütten geraunten Geschichten. Einige der Männer waren in Südamerika gewesen und sprachen, dort durchgemachtes Elend vergessend, von diesen fernen Ländern wie von einem Paradies, wo jeder im Gold schwimmt. Andere schilderten ihren langen Aufenthalt in den wildesten Gegenden von Algier, am Saum der Wüste, wohin zu flüchten sie ein Messerstich gezwungen hatte, manchmal auch ein Raub, dessen ihre Feinde sie «fälschlich» beschuldigten. Und Tonet, ganz Ohr, glaubte in der kleinen, fauligen Brise der Albufera den exotischen Hauch dieser Märchenländer zu verspüren, sah in dem Blitzen der Tavernenfliesen ihre fabelhaften Reichtümer.

Das Band zwischen ihm und den Landstreichern wurde so eng, daß er sie nach beendigter Ernte auf ihren wüsten Orgien durch alle dem See benachbarten Dörfer begleitete, ein irrsinniger Zug von Taverne zu Taverne mit nächtlichen Serenaden vor gewissen Fenstern, der meist mit einer allgemeinen Rauferei endete, wenn das Geld knapp wurde und sich Diskussionen entspannen, an wem die Reihe war zu zahlen.

Eine der Exkursionen erlangte eine Berühmtheit in der Albufera. Sie dauerte eine Woche, während der Toni seinen Sohn in Palmar nicht zu sehen bekam. Man wußte nur, daß die Ruhestörer wie losgelassene wilde Tiere tobten, daß sie in Sollana einen Polizisten halbtot geprügelt und daß sich in Sueca zwei dieser Nichtsnutze bei einem Streit gegenseitig den Schädel eingeschlagen hatten. Schon nahm die Gendarmerie die Verfolgung dieser tollen Horde auf.

Eines Abends benachrichtigte man Toni, daß sein Sohn soeben bei Cañamel eingetroffen sei, in schlammigen Kleidern, als wäre er in einen Kanal gefallen, die Augen entzündet von der achttägigen Kneiperei. Stumm wie immer machte sich der Vater auf den Weg.

Tonet, der Mittelpunkt der Schankstube, trank mit dem Durst des Trunkenen; um ihn herum ein aufmerksames Publikum, bei dem der Bericht über die Missetaten seiner Bande Lachsalven entfesselte.

Ein Schlag von Tonis Hand zertrümmerte den Weinkrug, den sein Sohn zum Mund führte, und ließ dessen Kopf auf die Schulter fliegen.

Ebenso bestürzt über den Schlag wie über das plötzliche Erscheinen seines Vaters duckte Tonet sich sekundenlang. Doch dann flackerte in seinen Augen ein trübes, unlauteres Licht. «Niemand schlägt mich ungestraft, auch du nicht!» Damit stürzte er auf seinen Vater los.

Aber es war eine gewagte Sache, gegen diesen ernsten Giganten zu revoltieren, der in seinen Armen die Energie von mehr als dreißig Jahren Kampf gegen die Misere aufwies. Ohne die Lippen zu öffnen, hemmte er Tonets Anspringen durch eine Ohrfeige, die den Burschen zum Taumeln brachte, und schleuderte ihn fast gleichzeitig mit einem Fußtritt zur Wand, wo er wie ein Sack über einen Spieltisch fiel.

So schreckerregend war der wortlose Zorn dieses Riesen, daß sämtliche Männer ihn umringten und festzuhalten suchten. Als die Ruhe wieder eintrat, befand sich Tonis Sohn nicht mehr unter den Anwesenden. Die Arme in Verzweiflung erhoben, war Tonet geflüchtet. Man hatte ihn geschlagen, ihn, den jeder fürchtete; man hatte ihn geschlagen vor den Augen von ganz Palmar!

Tage verstrichen, ohne eine Nachricht von ihm zu bringen. Dann erfuhr man durch Fischhändler, daß er in der Kaserne von Monte-Olivete saß und in nicht allzu langer Zeit nach Kuba eingeschifft werden würde. Er hatte sich anwerben lassen. Als er, in ohnmächtiger Wut nach Valencia entflohen, sich in den Kneipen nahe der Kaserne herumdrückte, auf der das Fähnchen für den Überseedienst wehte, hatten die Leute, die dort aus- und eingingen, auf den Moment ihrer Einschiffung wartende Freiwillige und pfiffige Werber, ihm zu diesem Entschluß verholfen.

Sein Vater wollte im ersten Augenblick Einspruch erheben: der Junge war noch nicht zwanzig Jahre alt, durfte also nach den Gesetzen nicht angenommen werden. Außerdem handelte es sich hier um den einzigen Sohn der Familie. Aber mit gewohnter Härte ließ ihn der Großvater auf diese Idee verzichten.

«Das Beste, was ihm passieren kann. Hier wächst er krumm! Die da werden es schon fertigbringen, ihn gerade zu richten. Und wenn er sterben sollte – ein Tunichtgut weniger!»

Borda war die einzige, die nach Monte-Olivete fuhr, um ihm schluchzend seine Wäsche und soviel Kleingeld zu bringen, wie sie sich ohne Wissen des Vaters hatte verschaffen können. Kein Wort trug er ihr für Neleta auf; der Bräutigam schien sie vergessen zu haben.

Zwei Jahre vergingen, ohne daß er ein Lebenszeichen von sich gab. Eines Tages jedoch erhielt der Vater einen Brief, der mit dramatischen Phrasen anfing und in dem Tonet in falscher Sentimentalität um Verzeihung bat. Dann berichtete er von seinem Leben. Er war jetzt Gendarm in Guantánamo und hatte es gut. Doch der ganze Brief atmete die Aufgeblasenheit und Überhebung eines Mannes, der mit der Waffe in der Hand die Gegend abstreift und Furcht und Respekt einflößt. «Meine Gesundheit», endete das Schreiben, «ist vorzüglich; nicht die kleinste Krankheit, seit ich landete. Wer in unserer Lagune groß wird und ihr Schlammwasser trinkt, ist von vornherein überall akklimatisiert.»

Es folgte der kubanische Unabhängigkeitskrieg, und Borda weinte in einem Winkel der Hütte, wenn wirre Nachrichten über die sich in der Ferne abspielenden Kämpfe eintrafen. Im Dorf trugen schon zwei Frauen Trauer; und marschierten die jungen Leute zur Auslosung, so jammerten ihre Familien, als sollte man sich nie wiedersehen.

Aber Tonets Briefe wirkten beruhigend. Er führte als Korporal eine berittene Guerrilla* und schien von seinem Leben sehr befriedigt. Mit liebevoller Genauigkeit beschrieb er seine Ausrüstung – Uniform aus gestreifter Baumwolle, großer Panamahut und kurze Lackstiefel; an der Hüfte eine Machete und über dem Sattel der Mauserkarabiner.

«Keine Sorge! Dieses Leben paßt für mich: gute Löhnung, viel Bewegung und enorme Freiheit. Es lebe der Krieg!»

* Kleine Streifschar.

Und man erriet von weitem den großmäuligen Soldaten, der gern Mühsal, Hunger und Durst auf sich nimmt, um dafür von monotoner, vulgärer Arbeit befreit zu sein, um außerhalb der Gesetze normaler Zeiten zu leben, um ohne Furcht vor Strafe töten und alles, was er sieht, als sein eigen betrachten zu können, überall und allem seinen Willen auferlegend unter dem Schutz der harten Forderungen des Kriegs.

Dann und wann fragte auch Neleta nach dem Ergehen ihres Verlobten. Ihre Mutter war gestorben. Sie lebte jetzt bei einer ihrer Tanten, verdiente sich aber ihr Brot in Cañamels Taverne, wo sie an den Tagen aushalf, an denen der Wirt bevorzugte Gäste erwartete und viele Schüsseln Reis à la Valencia zubereitet werden mußten.

Wenn sie sich in der Hütte der Palomas einfand, hörte sie mit niedergeschlagenen Augen Borda zu, die ihr Tonets letzten Brief vorlas. Ihre Neigung für ihn schien erkaltet zu sein, seit er ohne ein Wort des Abschieds fortgefahren war. Sandte der Korporal ihr am Ende seines Briefes einen Gruß, so murmelte sie lächelnd ein *«Grasies!»*; aber weder äußerte sie jemals den Wunsch, daß er bald heimkommen möge, noch begeisterte sie sich für seine Luftschlösser: «Ich werde wohl mit den Offiziersgalons nach Palmar zurückkehren.»

Neletas Gedanken kreisten um andere Dinge. Sie war das schönste Mädchen weit und breit geworden; zierlich, mit einer hellblonden Haarmähne, die auf ihrem Köpfchen eine Krone aus verblichenem Altgold bildete, und einer durchsichtig weißen, von feinen Äderchen durchzogenen Haut, wie man sie nie bei Frauen von Palmar gesehen, deren schuppige, metallisch glänzende Epidermis eine entfernte Ähnlichkeit mit den Seeschleien besaß. Die

Augen waren hellgrün, schimmernd wie zwei Tropfen des Absinths, den die Jäger von Valencia tranken.

Immer häufiger fand sie sich in Cañamels Haus ein, nicht mehr, um nur bei besonderen Gelegenheiten Hilfe zu leisten. Allmählich putzte und scheuerte sie dort den ganzen Tag, servierte hinter der Theke und beaufsichtigte am Herd die britzelnden Pfannen. Bei Anbruch der Nacht aber ging sie, von ihrer Tante abgeholt, zu deren Hütte, möglichst auffällig für die feindselige Verwandtschaft Cañamels, die schon zu tuscheln begann, ob Neleta wohl die Sonne an der Seite ihres Herrn aufgehen sähe.

Cañamel konnte nicht mehr ohne sie auskommen. Dieser Witwer, der bisher ruhig mit seinen alten Mägden gelebt und ständig seine Mißachtung der Frauen ausposaunt hatte, war unfähig, dem Liebreiz dieses Geschöpfes zu widerstehen, das ihn mit katzenartiger Anmut umstreifte. Den armen Cañamel verwirrten die grünen Augen dieses Kätzchens, dessen Geschicklichkeit immer wieder einen Anlaß herbeizuführen verstand, der ihn ihre verborgenen Reize ahnen ließ. Und Blicke wie Worte wiegelten in dem überreifen Schankwirt die Keuschheit mehrerer Jahre auf.

Den Kunden entgingen nicht die gelegentlichen Schrammen und blauen Flecke auf seinem Gesicht, und sie lachten über die konfusen Erklärungen, die er vorbrachte. Bisweilen polterten auch die Möbel in den Privatzimmern, oder ein wütender Stoß erschütterte die dünnen Zwischenwände. «Aha! Cañamel versucht, sein Kätzchen zu streicheln», spöttelten sie. «Wetten, daß er mit einem neuen Kratzer zum Vorschein kommt?»

Dieser Kampf mußte ein Ende nehmen. Neleta wußte nur zu gut, was sie wollte, um nicht über diesen Schmerbauch zu triumphieren, der bei ihrer Drohung, nicht mehr in die Taverne zu kommen, zitterte. Und obwohl man damit gerechnet hatte, brachte die Ankündigung von Cañamels Heirat Palmar in Aufregung. Seine Schwägerin ging, grobe Beschimpfungen ausspeiend, von Tür zu Tür, und überall standen die Frauen in Grüppchen beisammen.

«Diese Scheinheilige! Wie listig sie zu Werke gegangen ist, um den reichsten Mann der Gegend zu fischen!»

Als Neleta durch ihre Heirat rechtmäßige Herrin der Taverne geworden war, zeigte sie weder Hoffart, noch suchte sie sich an den Gevatterinnen zu rächen, die sie während der Zeit ihrer Dienstbarkeit verleumdet hatten. Alle behandelte sie freundlich; nur errichtete sie die Barriere des Schanktischs zwischen sich und die Besucherinnen, um Vertraulichkeiten zu verhindern. Die Hütte der Palomas betrat sie nicht mehr. Kaufte Borda etwas bei ihr ein, so sprach sie zu ihr wie zu einer Schwester, und dem alten Paloma schenkte sie den Wein in einem extra großen Glas, wobei sie sich den Anschein gab, als vergäße sie seine kleinen Zechschulden. Toni kam überhaupt nicht mehr zur Taverne; aber wenn sich ihre Wege kreuzten, grüßte sie den in seine Gedanken versunkenen Mann mit dem Respekt einer Tochter, die ihren Vater heimlich verehrt, trotzdem er sie nicht anerkennen will.

Ihre Taverne leitete sie, als hätte sie niemals etwas anderes getan: mit einem Wort wußte sie die Trinker zur Ruhe zu bringen, und ihre weißen Arme, immer in kurzen Ärmeln, zogen die Gäste von allen Ufern der Albufera herbei.

Im Gegensatz zu Neleta trat bei Cañamel nach der Hochzeit ein gewisser Verfall ein. Zum erstenmal in seinem Leben hatte er nichts zu tun. Die Zeiten waren dem Schmuggel nicht günstig, die Überwachung der Küste lag jetzt in der Hand von jungen, diensteifrigen Zolloffizieren, die keine Konterbande duldeten, und mit der Taverne fand sich Neleta besser ab als er selbst. So hielt Cañamel die Zeit für gekommen, krank zu werden, was, wie Paloma versicherte, eine Zerstreuung für Reiche ist.

Der Alte wußte besser als irgend jemand anders, wo das Übel des Schankwirts steckte.

«Die Bestie der Verliebtheit, die jahrelang, solange er nur an Geldverdienen dachte, schlief, ist jetzt bei Cañamel erwacht!»

Und wirklich stand er weiter so in Neletas Bann wie früher, als sie bei ihm diente. Der Glanz ihrer grünen Augen, ein Lächeln, die Berührung ihrer Arme beim Gläserfüllen am Schanktisch genügten, damit er den Kopf verlor. Nur gab es jetzt keine Schrammen mehr für Cañamel, und die Gäste nahmen keinen Anstoß daran, wenn beide die Theke verließen.

Doch Cañamel beklagte sich über seltsame Beschwerden, während Neleta von Tag zu Tag kräftiger, frischer, blühender wurde, gerade als fiele das langsam zergehende Leben des Mannes über sie wie ein stärkender Regen.

«Die Rasse der Cañamels», kommentierte Paloma diesen Zustand mit komischem Ernst, «wird sich derart vermehren, daß sie ganz Palmar füllt!» Indessen vergingen die Jahre, ohne daß Neleta Mutter wurde, ungeachtet ihres inbrünstigen Sehnens. Sie wünschte sich ein Kind, um ihre geschickt eroberte Position zu sichern und dadurch den erbschaftslüsternen Verwandten der ersten Frau «eins in die Schnauze zu geben». Jedes halbe Jahr machte im Dorf die Neuigkeit die Runde, daß sie guter Hoffnung wäre; ein Grund für alle Frauen, bei ihren Einkäufen in der Taverne die junge Frau mit inquisitorischer Gründlichkeit zu prüfen; wußten sie doch die Bedeutung eines solchen Ereignisses in dem Kampf der schönen Wirtin mit ihren Widersacherinnen vollauf zu würdigen. Aber jedesmal zerrann die Hoffnung.

Die schlimmsten Gerüchte züngelten bei solcher Gelegenheit auf. Samaruca und ihr Anhang raunten von dem einen oder anderen Reisplantagenbesitzer, der sich von der Besichtigung seiner Felder in dem Wirtshaus ausruhte; von irgendeinem Jäger aus Valencia; ja, sogar von dem Leutnant der Zollwächter, weil dieser bisweilen, der Einsamkeit in Torre Nueva überdrüssig, sein Pferd vor Cañamels Taverne anband. An alle dachte man, nur nicht an den mehr als je von unersättlicher Leidenschaft beherrschten, kränklichen Schankwirt. Neleta lächelte über diese Redereien. Sicherlich, sie liebte ihren Gatten nicht, und manch einer von den Gästen wäre ihr lieber gewesen; aber sie besaß die Klugheit der egoistischen, mit Überlegung handelnden Frau, die die Ruhe einer aus Eigennutz geschlossenen Ehe nicht für Treulosigkeiten aufs Spiel setzt.

Eines Tages kam die Kunde, daß sich Tonet in Valencia befände. Der kubanische Krieg war beendigt; die Bataillone wurden, ohne Waffen, mit dem traurigen, niedergeschlagenen Ausdruck einer kranken Herde in den Häfen ausgeschifft. Hungergestalten, Fieberschatten, gelb wie jene Kerzen, die man nur bei Trauerfeiern verwendet, denen jedoch gleich einem Stern auf dem Grund eines Brunnens der Wille zu leben in den hohlen Augen blitzte. Sie kehrten heim, untauglich zur Arbeit, fast alle verurteilt, noch vor Ablauf eines Jahres im Schoß ihrer Familien zu sterben, die einen Mann gegeben hatten und einen Schemen zurückerhielten.

Tonet wurde in Palmar mit begeisterter Neugierde aufgenommen. Er war der einzige aus dem Dorf, der wiederkehrte. Und wie er wiederkehrte! Vollkommen ausgemergelt durch die letzten Kriegswochen, denn er gehörte zu denen, die die Blockade von Santiago aushalten mußten. Aber abgesehen davon, schien er noch ziemlich robust zu sein, und die alten Basen bewunderten neben seiner schlanken Taille die martialische Haltung, die er am Fuß des rachitischen Olivenbaums auf dem Marktplatz anzunehmen wußte, wo er, den Schnurrbart zwirbelnd, seine große Sammlung der feinsten Panamahüte zur Schau stellte, das einzige Hab und Gut, das er aus dem Krieg heimbrachte. Und allabendlich drängten sich in Cañamels Taverne die Leute, um seine Erzählungen von da unten zu hören.

Er prahlte nicht mehr mit seinen Bravourstückchen als Guerrillero, sondern sprach nur noch von den Yankees in Santiago de Cuba, sehr langen, sehr handfesten Kerlen, die enorme Portionen Fleisch aßen und Filzhüte trugen. Darauf beschränkte sich seine Beschreibung. Die riesige Statur der Feinde war der einzige in seiner Erinnerung haftengebliebene Eindruck. Und lautes Gelächter ertönte, als Tonet erzählte, wie ihm aus Mitleid über seine Lumpen einer dieser Giganten auf dem Weg zur Einschiffung eine Hose geschenkt hatte; eine Hose, so groß, daß sie wie ein Segel um ihn herumflatterte.

Neleta, hinter der Theke, blickte ihn derweilen unverwandt an. Ihre grünen Augen waren ausdruckslos; kein Fünkchen flammte in ihnen auf, doch sie trennten sich nicht einen Augenblick von Tonet, als wollten sie das Bild dieser kriegerischen Gestalt in sich aufsaugen, so verschieden von allen anderen um sie herum und in nichts an den

Jungen erinnernd, der vor zehn Jahren ihr Verlobter gewesen war.

Cañamel aber lud in einem Anfall von Patriotismus, zudem begeistert über den außerordentlichen Zulauf von Gästen, den Tonet ihm verschaffte, den heimgekehrten Krieger zu einem Glas nach dem andern ein.

Auf Schritt und Tritt gab Sangonera, der jetzt zu seinem Kindheitsgefährten bewundernd aufschaute, Tonet das Geleit. Sangonera war nicht mehr Sakristan. Der Hang des Vaters zum Wein und Landstreichertum wurde auch in dem Sohn übermächtig, und der Vikar, der unziemlichen Schnurren müde, die sein Diener verübte, wenn er im angesäuselten Zustand bei der Messe amtierte, hatte ihn aus der Kirche verjagt. Übrigens wichen, wie Sangonera unter dem Lachen aller ernsthaft versicherte, seine Ansichten auch zu sehr von denen des Pfarrers ab!

In voller Jugend durch ständigen Trunk gealtert, verlumpt und schmutzig, überließ er sich wie als Kind ganz dem Zufall, schlief wieder in seiner Hütte und zeigte überall, wo man trank, seine hagere Asketenfigur, deren Schatten nur als schmaler Strich auf den Boden fiel.

Tonets Protektion brachte ihm Nutzen. Sangonera war es, der als erster in der Taverne von Kuba erzählt haben wollte, wohl wissend, daß sich gleich nachher die Gläser füllen würden.

Dem einstigen Korporal sagte dieses Leben des Müßiggangs und des Angestauntwerdens nicht wenig zu. Palmar dünkte ihn ein Ort der Wonne, wenn er sich an die Nächte erinnerte, die er, den Magen von Hunger geschwächt, in den Laufgräben verbracht hatte, und an die beschwerliche Überfahrt in dem mit krankem Fleisch beladenen Schiff, das Leichen über das Meer aussäte. Nach einem Monat dieser köstlichen Existenz hielt sein Vater es für richtig, mit ihm in der stillen Hütte ernsthaft zu reden.

«Es ist Zeit, an deine Zukunft zu denken. Ich habe etwas vor, wobei ich dich, meinen einzigen Sohn, gern beteiligt sehen möchte. Die Señora in Valencia, deren Reisfelder in Saler ich so lange in Pacht hatte, hat mir ein großes Terrain am See geschenkt, Hanegas* und Hanegas. Der einzige Mißstand ist, daß der ganze Boden unter Wasser steht und viele Bootsladungen Erde aufgeschüttet werden müssen.

Aber, zum Teufel, nur nicht verzagen! Auf dieselbe Art und Weise sind alle Felder der Albufera geschaffen worden, die besten Reispflanzungen von heute deckte vor fünfzig Jahren der See. Und zwei gesunde, energische Männer ohne Angst vor Arbeit können Wunder verrichten. Besser so, als auf unseren schlechten Plätzen fischen oder fremden Boden bebauen!»

Das Neue dieses Unternehmens war es, das Tonet reizte. Auf einen Vorschlag, die besten Felder in nächster Nähe Palmars zu bewirtschaften, würde er vielleicht mit einer Grimasse geantwortet haben. Aber die Idee gefiel ihm: den See zu bekämpfen, Wasser in Ackerland zu verwandeln, dort zu ernten, wo sich jetzt die Aale zwischen Sumpfpflanzen hin und her schlängelten. Außerdem sah er in seinem leichtfertigen Denken nur die Resultate, ohne die gewaltige Arbeit in Betracht zu ziehen. Und im Geiste verpachtete er schon seine eigenen Reisfelder, um sich als reicher Mann dem Nichtstun hinzugeben. Vater und Sohn machten sich ans Werk, unterstützt von Borda, die stets

* Flächenmaß. 1 Hanega: 400 Quadratklafter (1 K. = 3,338 cbm).

den besten Willen zeigte für alles, was zum Wohlergehen der Familie beitrug. Mit dem Großvater durfte man nicht rechnen. Dieser neue Plan hatte ihn in die gleiche finstere Stimmung versetzt wie vor Jahren, als sein Sohn sich zum erstenmal der Landwirtschaft zuwandte.

«Noch ein Attentat gegen die Albufera... und von den Meinigen! Ah, diese Banditen!»

Tonet begann mit dem momentanen Eifer aller willensschwachen Menschen. Am liebsten hätte er diesen Seewinkel, wo sein Vater Reichtum zu finden hoffte, auf einen einzigen Schlag ausgefüllt. Vor Tagesgrauen stakten er und Borda fort, um Erde zu suchen, die sie dann in einer Fahrt von mehr als einer Stunde zu der ausgedehnten Fläche toten Wassers brachten, deren Grenzen Schlammdämme andeuteten.

Die Arbeit war hart, erdrückend, eine Aufgabe für Ameisen. Nur Toni, der unermüdliche Arbeitssklave, konnte es wagen, sich ihr ohne andere Hilfe als die Arme seiner Kinder zu unterziehen.

Sie gelangten durch die breiten Kanäle, die in die Albufera münden, bis zu den Häfen von Catarroja und Saler, und wo es ging, rissen sie mit breiten Gabeln große Schlammklumpen vom Grund los, Stücke von gallertartigem Torf, der einen unerträglichen Geruch verbreitete. Diese Brocken ließen sie am Ufer trocknen, und wenn die Sonne alles in weißliche Schollen verwandelt hatte, beluden sie ihre Nachen, die zu einem Konvoi aneinandergebunden wurden: nach einer Stunde unaufhörlichen Stakens verschluckte die Lagune scheinbar ergebnislos den Berg so mühsam gesammelter Erde. Drei- oder viermal am Tag sahen die Fischer die geschäftige Familie wie Mücken über die blanke Oberfläche des Sees huschen. Tonets

Energie jedoch entsprach nicht der Größe der Aufgabe. Nachdem der Enthusiasmus des ersten Moments verpufft war, sah er nur noch die Monotonie dieser Arbeit und kalkulierte mit Schrecken, wie viele Monate, vielleicht sogar Jahre, zur Vollendung des Werks notwendig sein mochten. Er dachte an die Mühe, die die Gewinnung jedes einzelnen Erdklumpens kostete, und bebte vor Ärger, wenn das nach dem Versenken der Ladung wieder klar gewordene Wasser stets denselben tiefen Grund zeigte, ohne den kleinsten Höcker, als entschlüpfte die ganze Erde durch irgendein verborgenes Loch.

Und so begann er, dieser Fronarbeit den Rücken zu kehren. Das Wiederauftreten alter, aus dem Krieg stammender Leiden vorschützend, blieb er zu Hause. Aber sobald sein Vater und Borda fort waren, eilte er nach dem kühlen Winkel bei Cañamel, wo es niemals an Mitspielern zum Truque fehlte. Mehr als höchstens zwei Tage in der Woche arbeitete er nicht.

Schon regten sich wieder die Lästerzungen angesichts der Pünktlichkeit, mit der Tonet sich in der Taverne einstellte. Stets setzte er sich der schönen Wirtin gegenüber. Neleta unterhielt sich zwar weniger mit ihm als mit den anderen Kunden; wenn sie jedoch von der Handarbeit in ihrem Schoß aufsah, suchte ihr Blick instinktiv den früheren Verlobten.

Cañamels Schwägerin erörterte die Angelegenheit mit jedermann.

«Die beiden sind einig, das merkt doch ein Blinder! Dieser Trottel von Cañamel! Das ganze von meiner Schwester zusammengekratzte Vermögen werden sie kleinkriegen.»

Wenn skeptische Zuhörer einwandten, daß in einer Taverne, die ständig voll von Gästen sei, doch jede Gelegenheit zu einer Annäherung mangelte, zeterte die erboste Harpyie*:

«Gelegenheit? Die suchen sie sich außer dem Haus. Diese Neleta ist zu allem fähig und Tonet ein Erzfaulpelz, dem es gerade paßt, sich aushalten zu lassen.»

Der Schankwirt, der von diesen üblen Nachreden nichts wußte, behandelte Tonet wie seinen besten Freund. Er war stets bereit, mit ihm Karten zu spielen, und zankte seine Frau aus, wenn sie den Korporal nicht mit Wein traktierte. Nichts las er in Neletas seltsam glänzenden Augen, nichts in dem ironischen Blick, mit dem sie solchen Tadel aufnahm.

Aber der Dorfklatsch sickerte durch bis zu Tonis Ohren, und eines Abends zog dieser seinen Sohn hinaus vor die Hütte, wo er mit der Resignation des vom Kampf gegen das Schicksal erschöpften Mannes auf ihn einsprach:

«Du willst nicht arbeiten? Gut. Strafen kann ich dich nicht mehr wie früher. Also werde ich mein Werk allein fortsetzen, und wenn ich dabei krepieren sollte. Doch ich bin nicht willens, ruhig zuzusehen, daß du Neleta nachstellst. Geh zu irgendeiner Taverne, aber nicht zu Cañamels!»

Tonet protestierte heftig.

«Lügen! Verleumdungen dieser bösartigen Samaruca, die Neleta mit ihrem Haß verfolgt. Bei dem Gedächtnis meiner Mutter: ich habe Neleta mit keinem Finger angerührt, sie nicht mit dem kleinsten Wörtchen an unsere frühere Verlobung erinnert.»

Der Vater lächelte trüb. Er zweifelte nicht an Tonets

* In der griech. Sage: Sturmdämon in Gestalt eines vogelartigen Mädchens.

Worten. Mehr als das, er hatte die Überzeugung, daß alles nur auf Verleumdungen beruhte. Doch er kannte das Leben.

«Bis jetzt waren es nur Blicke; aber durch das ständige Zusammensein wird dieses gefährliche Spiel in Schande enden. Vergiß nicht, daß du der Sohn eines ehrenhaften Mannes bist, der wenig Glück in seinen Geschäften hat, dem aber niemand etwas Schlechtes vorwerfen kann. Cañamel ist dein Freund, und ihn zu betrügen wäre nicht allein Sünde, sondern eine Niederträchtigkeit, die eine Kugel verdiente.»

Sein Ton wurde so gütig, so feierlich, daß er Eindruck auf Tonet machte.

«Neleta ist reich, während du nichts hast. Also wird man glauben, daß du ihr nachstellst, um ohne Arbeit leben zu können. Und lieber will ich meinen einzigen Sohn tot sehen, als mit solcher Schande beladen.»

Die Stimme des stets so selbstbeherrschten Mannes bebte vor Erregung.

«Tonet! Mein Junge! Denk an deine Familie! Denk an die Palomas, deren Name alt ist wie Palmar. Arbeiter ohne Glück, aber unfähig, einen Verrat zu begehen! Laß uns ruhig unser Elend tragen, und wenn wir uns auf unserer letzten Fahrt bis zum Fuß von Gottes Thron hinaufgestakt haben, können wir dem Herrn aus Mangel an anderen Verdiensten unsere schwielenbedeckten Hände zeigen – und eine Seele frei von jedem Verbrechen.»

Der zweite Sonntag im Juli war für Palmar der wichtigste Tag des Jahres. Die Redolins, die Fischplätze der Albufera und ihrer Kanäle, wurden unter den Ortsangehörigen ausgelost, eine traditionelle Zeremonie, der ein Vertreter der Hacienda* präsidierte, dieser mysteriösen Dame, die noch niemand zu Gesicht bekommen hatte, von der aber alles als der Herrin des Sees und der endlosen Pinienwälder der Dehesa mit abergläubischem Respekt sprach.

Um sieben Uhr morgens hatte die kleine Kirchenglocke das ganze Dorf zur Messe eilen lassen. Sicherlich, die Feste zu Ehren des Jesuskindes nach Weihnachten waren prächtig, doch sie waren immerhin nichts als eine Lustbarkeit, während bei der feierlichen Verlosung der Zufall über das Brot des Jahres entschied, ja, über die Möglichkeit, Ersparnisse zu machen.

Daher hörte man die Messe dieses Sonntags mit ganz besonderer Andacht. Die Frauen brauchten nicht wie sonst ihre Männer durch Püffe zur Erfüllung ihrer religiösen Pflicht zu bringen: sämtliche Fischer saßen in der Kirche, versonnen, nachdenklich, denn ihre Gedanken waren mehr beim See als bei der Messe, und vor ihrer Phantasie

* Name des spanischen Finanzministeriums.

defilierten die besten Plätze, mit denen sie das Glück vielleicht bedenken würde.

Das Kirchlein mit den gekalkten Wänden und hohen, von grünen Gardinen verhangenen Fenstern konnte nicht alle Gläubigen fassen. Die Tür war sperrangelweit geöffnet, und viele knieten noch auf dem Kirchplatz, den Kopf unbedeckt trotz der Junisonne. Auf dem Altar zeigte das Jesuskind, Schutzherr des Dorfes, sein lächelndes Gesicht und sein bauschiges Röckchen. Die Statue war nicht höher als die Spanne einer Hand; aber ungeachtet ihrer Kleinheit vermochte sie in stürmischen Nächten die Kähne mit Aalen zu füllen und, wie die Frauen Palmars erzählten, noch andere verblüffende Wunder zu wirken.

Von dem Weiß der Wände hoben sich einige alte, aus Klöstern stammende Gemälde ab, auf denen Engel im Schmuck bunter Papageienfedern Scharen von Verdammten, hochrot, als wären sie soeben gesotten, mit ihren flammenden Schwertern vor sich her trieben.

Über dem Weihwasserbecken hing ein Schild, dessen gotische Lettern besagten:

Wie dem Gesetz der Liebe
Verbrechen bleibet fern,
Darfst du auch nicht ausspein
Hier im Haus des Herrn.

Es gab keinen Einwohner Palmars, der diese Verse nicht bewunderte, die nach Palomas Behauptung ein Vikar vor mehr als hundert Jahren verfaßt hatte. Während der zahllosen Messen ihres christlichen Lebens hatten alle die Inschrift entziffert, und obschon sie der Poesie ihre Anerkennung nicht versagten, befolgten sie das Gebot absolut nicht, sondern spuckten ohne Rücksicht auf das «Gesetz der Liebe» mit ihrer chronischen Heiserkeit fortwährend aus, so daß sich der Geistliche, wenn ihm das Krächzen zu arg wurde, zornigen Blicks umwandte.

Noch nie hatte Palmar einen Pfarrer gehabt wie den «Pare Miquèl». Man wollte wissen, daß die Ungnade seiner Vorgesetzten ihn hierhergeschickt hatte, doch schien dieses Mißgeschick nach seinem Geschmack zu sein. Ein unermüdlicher Jäger, zog er nach der Morgenmesse seine Hanfschuhe an, setzte eine Fellmütze auf und begab sich, von seinem Hund gefolgt, in die Dehesa oder trieb sein Boot durch das Röhricht, um Wasserhühner zu schießen.

«Man muß seine Lage ein wenig verbessern!» pflegte er zu äußern. Seine Besoldung betrug nur fünf Reales* täglich, und er wäre ohne diese Flinte, die dank der Toleranz der Flurhüter seinen Tisch jeden Tag mit Fleisch versorgte, wie seine Vorgänger verurteilt gewesen, am Hungertuch zu nagen. Den Frauen imponierte es, daß dieser enegische Seelsorger sie rauh, fast mit Hieben leitete; die Männer lobten sein schlichtes Wesen.

Er war ein kriegerischer Pfarrer. Wenn der Alkalde eine Nacht in Valencia zubringen mußte, legte er seine Autorität in die Hände von Don Miguel, der, sehr glücklich über diese Metamorphose, den Zollwächter rufen ließ.

«Sie und ich, wir beide sind jetzt die einzigen Behörden im Dorf. Wachen wir über ihm!»

Und den Karabiner auf der Schulter, machten sie die ganze Nacht die Runde, säuberten die Schankstuben von den allzu beharrlichen Zechern und vergaßen nicht, bei ihren Rundgängen einige Male in der Sakristei anzuhalten, wo sie sich ein Gläschen Zuckerrohrschnaps gönnten. Das

* Real: alte span. Münze

ging so fort, bis der Morgen graute und Don Miguel die Waffe und sein Schmugglergewand ablegte, um den Fischern die Messe zu lesen.

Während des sonntäglichen Gottesdienstes stellte er, nach seiner Herde schielend, fest, wer am meisten ausspuckte, welche Gevatterin mit ihrer Nachbarin schwatzte, welche Jungens sich bei der Tür knufften, und wenn er sich dann zum Segen umdrehte, blitzte er die Schuldigen mit Augen an, die nichts Gutes verhießen. Er war es auch gewesen, der Sangonera mit Fußtritten aus der Kirche befördert hatte, als er ihn zum dritten- oder viertenmal beim Trinken des für die Messe bestimmten Weins ertappte.

Seine Moral war einfach, sie residierte im Magen. Wenn sich daher seine Pfarrkinder im Beichtstuhl wegen ihrer Sünden entschuldigten, legte er ihnen stets dieselbe Buße auf: «Ihr sollt mehr essen! Weil der Teufel euch so gelb und mager sieht, ist er hinter euch her. Wer Fett ansetzt, der sündigt nicht!»

Verteidigte sich dann ein Beichtkind, indem es seine Armut ins Treffen führte, so wurde der Herr Vikar so ärgerlich, daß ein grober Fluch seinen Lippen entfuhr:

«*Recordons!** Armut? Und dabei lebt ihr in der Albufera, dem besten Eckchen der Welt! Mir geht es mit meinen fünf Reales besser als einem Patriarchen. Nicht mit einem Domherrn in Valencia tausche ich! Hat denn unser Herrgott diese dicken Schwärme von Bekassinen in der Dehesa umsonst geschaffen? Umsonst dies Gewimmel von Feldkaninchen und all das Federwild am See, das zu Dutzenden auffliegt, sobald man nur das Rohr bewegt? Wartet ihr

* recorder (frz.): wiederholen.

vielleicht darauf, daß euch das Wildbret abgezogen oder gerupft in die Pfanne fällt? Da sitzt ihr wie Weiber stundenlang in eurem Boot, um Fische zu fangen, die nach Schlamm schmecken. Ah, mehr Liebe zur Arbeit und mehr Gottesfurcht! Ein richtiger Mann soll sich, *Recordons!*, sein Leben mit Flintenschüssen erobern!»

Nach Ostern, wenn ganz Palmar seinen Sack voll Sünden im Beichtstuhl entleert hatte, knallte es überall, im Wald wie auf dem See, und die Flurhüter rasten wie verrückt von einer Seite zur anderen, ohne zu ahnen, woher diese plötzliche Jagdwut rührte.

An diesem Sonntag blieb die Menge nach der Messe auf dem kleinen Kirchplatz. Nicht wie sonst eilten die Frauen heim, um den Topf mit dem Mittagessen aufs Feuer zu setzen; sie folgten den Männern zur Schule, wo die Verlosung stattfinden würde. Außer Cañamels Taverne war die Schule das einzige zweistöckige Gebäude Palmars, in dem unten die Knaben und oben die Mädchen unterrichtet wurden.

Durch die offenen Fenster des oberen Stockwerks sah man, wie der von Sangonera unterstützte Alguacil den Tisch mit dem Präsidentensessel aufstellte und für die Mitglieder der Genossenschaft sämtliche Schulbänke hereinschleppte.

Die ältesten Fischer hatten sich unter dem schütteren Blattwerk des verkrüppelten Olivenbaums versammelt. Rings um diesen Baum, der von dem Hügelland der Küste hierher verpflanzt worden war, um in einem Schlammboden zu siechen, spielte sich das bürgerliche Leben der Einwohner ab. Unter seinen Zweigen wurden Fischereiverträge abgeschlossen, wurden Boote getauscht und die Aale an die Wiederverkäufer aus der Stadt verhandelt. Fand jemand in den Gewässern der Albufera eine verlorengegangene Reuse, ein treibendes Ruder oder sonstige Geräte zum Fischfang, so legte er sie am Fuß des Olivenbaums nieder, von wo sie der Eigentümer, der sie an der besonderen Marke als die seinigen erkannte, ohne weiteres abholen konnte.

Alle erörterten die bevorstehende Verlosung mit der bebenden Erwartung von Menschen, die ihre Zukunft dem blinden Ungefähr anvertrauen. Innerhalb einer knappen Stunde würde sich das Schicksal eines jeden für ein Jahr entschieden haben: Elend oder Überfluß. Hie und da sprach man in den Gruppen sehnsüchtig von den sechs besten Plätzen, den einzigen, die viel abwarfen und die den zuerst gezogenen sechs Namen zufielen. Es waren die Plätze der Sequiota* und die in ihrer nächsten Nähe liegenden – der Weg, auf dem die in stürmischen Nächten zum Meer flüchtenden Aale eine Beute der Netze wurden.

Auch die Erinnerung an zwei Glückspilze wurde wieder aufgefrischt, die in einer Nacht, als die vom Sturm gepeitschten Wellen den Boden der Albufera bloßlegten, sechshundert Arrobas** in der Sequiota erbeuteten. Sechshundert Arrobas zu zwei Duros***. Die Augen funkelten gierig. Aber einer sagte dem anderen diese Zahl nur leise ins Ohr aus Angst vor unberufenen Lauschern; denn mit einer ungewöhnlichen Solidarität lehrte man sie von klein auf, daß es zweckmäßiger wäre, sich über schlechte Erträgnisse zu beklagen, damit die Ha-

* großer Bewässerungskanal.
** Arroba: 25 Pfund.
*** span. Münze.

cienda, jene unbekannte, gefräßige Dame, sie nicht mit neuen Abgaben peinigte.

Paloma sprach von vergangenen Zeiten, als nicht mehr als sechzig Fischer zur Genossenschaft gehörten.

«Wie viele sind wir jetzt?» erboste er sich. «Letztes Jahr nahmen schon mehr als 150 Mann an der Verlosung teil. Wenn das so weitergeht, wird es bald mehr Fischer als Aale geben und unser Privileg, das uns den anderen überlegen machte, nichts mehr wert sein.»

Beim Gedanken an die «anderen», die Fischer von Catarroja, die mit denen von Palmar die Albufera teilten, wurde der Alte nervös. Er haßte sie, fast ebensosehr wie die Landarbeiter, weil sie hochmütig betonten, daß sie von den allerersten Fischern am See abstammten.

«Und was trieben die von Palmar?» hatte er die Rivalen von Catarroja ironisch gefragt.

Man mußte seine Entrüstung sehen, wenn er die Antwort wiedergab.

«Oh, Palmar», sagten sie, «war damals ein mit Palmen bewachsenes Inselchen, daher auch sein Name, auf dem sich arme Besenbinder aus den Bergen ansiedelten.»

Der Alte schnaufte vor Grimm.

«Ha, wir, die besten Fischer am See, sollen von Besenbindern abstammen?... Cristo! Aus weniger triftigem Grund gehen Männer mit dem Messer aufeinander los! Verdammte Lügen, ich weiß Bescheid.»

Als er in jungen Jahren einmal Obmann der Genossenschaft gewesen war, mußte er als solcher den Schatz des Dorfes, das Archiv der Fischer, zu Hause aufbewahren, eine mit alten Folianten, Satzungen, Abrechnungen und Privilegien gefüllte Kiste, die seit Jahrhunderten von Hütte zu Hütte rollte und immer unter dem Bett versteckt wurde, als könnten die Feinde Palmars sie rauben. Und da Paloma nicht lesen konnte, zu seiner Zeit dachte man nicht an solche Sachen, hatte er den damaligen Vikar gebeten, ihm die alten Pergamente zu entziffern.

«In uralten Zeiten schon schenkte uns der glorreiche Don Jaime den ganzen See. Dann kamen die Privilegien von Don Pedro, Doña Violante und Don Fernando, alles Könige und glückselige Diener des Herrn, die sich der Armen erinnerten. Der eine gab uns das Recht, Stämme zum Beschweren der Netze zu fällen; ein anderer erlaubte uns, das Garn mit der Rinde der Pinien zu färben. Kurz, alle ließen uns etwas zukommen. Dafür begnügten sie sich mit dem fünften Teil vom Fang, während die Hacienda, auch weiter nichts als eine moderne Erfindung der Menschen, alle drei Monate eine halbe Arroba Silber fordert, um uns auf einem See leben zu lassen, der unseren Vorfahren gehörte. Gibt es anderswo eine solch uralte Organisation wie unsere Genossenschaft?»

Dieses Werk der Ahnen begeisterte ihn. Alles für alle! Nicht wie auf dem Land, wo man die Erde verteilt, wo man Grenzen und Mauern zieht und jeder sagt: «dieses ist dein, dieses ist mein», als gehörte nicht alles Gott, als könnte man, einmal gestorben, noch andere Erdschollen benötigen als die, welche den Mund für immer schließen.

«Bei uns hat jeder gleiches Recht: der Bummler aus Cañamels Taverne wie der Alkalde, der seine Aale weithin versendet und beinahe so reich geworden ist wie dieser Fettwanst von Wirt. Und für den Armen gibt es ein Fensterchen, wo das Glück nach Laune hereinschlüpfen kann. Ich war bei mehr als achtzig Verlosungen, bekam einmal den fünften, einmal den vierten Platz, nie den ersten; aber

ZEIT IST GELD

König sein in Spanien:
Einer kam, sah und ging
bald wieder

Nicht nur die private Geschichte
von Neleta und Tonet verläuft
dramatisch . . .

… auch die Staatsführung Spaniens geriet in der zweiten Hälfte des 19. Jahrhunderts in kräftige Turbulenzen. Die Bourbonen waren gestürzt worden, und so wählten die Cortes im November 1870 Amadeo, Herzog von Aosta und zweiter Sohn des italienischen Königs Viktor Emanuel II., zum neuen König.

Amadeo I. trifft Anfang 1871 in Madrid ein, aber es gelingt ihm nicht, eine feste Staatsgewalt zu errichten. Im Mai 1872 bricht ein weiterer Karlistenkrieg aus, am 18. Juli versuchen Republikaner den König zu ermorden, die Finanznot des Staates wird inzwischen immer größer.

Das ist offenbar auch für einen König zuviel: entnervt dankt Amadeo im Februar 1873 ab und kehrt nach Italien zurück, wo er im Januar 1890 im Alter von 44 Jahren in Turin stirbt.

ich beklage mich nicht, denn ich brauchte weder zu hungern, noch mußte ich mir den Kopf warm machen, um meinen Nächsten auszuziehen, wie das bei den Städtern üblich ist. Und einmal im Jahr haben wir den großen, gemeinsamen Fischzug durch den ganzen See, dessen Ertrag gleichmäßig zwischen allen verteilt wird. So sollen die Männer miteinander leben, wie Brüder. Gott sieht uns. Umsonst», schloß der alte Paloma seine Ausführungen, «hat der Herr, als er auf Erden wandelte, nicht an Seen gepredigt, die mehr oder weniger wie die Albufera aussahen, und seine Jünger statt unter den Bauern unter Aal- und Schleiefischern gewählt.»

Während der Alkalde mit den Beisitzern am Kanal die Barke erwartete, die den Vertreter des Finanzministeriums bringen mußte, wuchs die Menge auf dem Kirchplatz immer mehr an, denn auch die Notabilitäten der Umgegend trafen ein, um die Feierlichkeit der Zeremonie durch ihre Gegenwart zu erhöhen. Gefolgt von einem robusten Burschen, der die Archivkiste auf der Schulter trug, erschien der Obmann, ein wenig später Padre Miguel in Soutane und Käppi.

Auch Cañamel wohnte, obwohl er als Zugewanderter kein Los ziehen durfte, stets dem festlichen Akt bei. Manchmal, wenn ein armer Teufel, der nur wenige Netze und einen kleinen Nachen besaß, den Platz an der Sequiota gewann, bot sich ihm die Möglichkeit, den Ausfall der Schmugglergeschäfte etwas wettzumachen.

Neleta, in ihrem Sonntagsstaat einer Señorita aus Valencia ähnelnd, begleitete ihn, und sofort höhnte die Samaruca in einem feindseligen Chor über den hochgetürmten Haarknoten, das rosaseidene Kleid mit der silbernen Gürtelschnalle und über den «Geruch nach schlechtem

Weib». Die graziöse blonde Frau parfümierte sich sehr stark, seit sie über ein Vermögen verfügte, gerade als wollte sie dadurch dem Dunst des Sees entgehen. Wie alle Frauen der Insel wusch sie selten ihr Gesicht, unterließ aber nie, eine dicke Puderschicht aufzulegen, und bei jedem Schritt atmeten ihre Kleider eine Moschuswolke aus, die von den Nasen ihrer Kunden glückselig eingeschnüffelt wurde. Plötzlich geriet die Menge in Erregung.

«Sie kommen! Sie kommen!»

An ihnen vorbei schritt der Alkalde mit dem Zeichen seiner Würde, dem quastengeschmückten Stock, seine Beigeordneten und der Delegierte des Ministeriums, ein armseliger, kleiner Beamter, den die Fischer jedoch in ihrer konfusen Vorstellung seiner ungeheuren Macht über die Albufera voller Bewunderung anschauten, aber auch mit heimlichem Haß: schluckte doch dieser Grünschnabel die halbe Arroba Silber!

Langsam erklommen alle hintereinander die schmale Treppe. Rechts und links der Tür verwehrten zwei Zollwächter mit quergehaltenem Gewehr Frauen und Kindern den Eintritt. Manchmal indes wurde das Drängen der Buben so stark, daß die beiden ein paar derbe Schläge austeilen mußten.

Oben hatten die Bänke nicht genügt; sogar auf den Balkons standen die Fischer eng nebeneinander. Die ältesten trugen die althergebrachte rote Mütze, andere das Kopftuch mit den lang über den Nacken hängenden Zipfeln oder den Strohhut aus Palmblättern. Neben Hanfsandalen gab es viele nackte Füße. Und von dieser schwitzenden, zusammengepferchten Masse stieg der feuchte, stickige Geruch von Wesen auf, die ewig im Schlamm leben.

Auf dem Podest hatte das Pult des Lehrers dem Präsidententisch Platz gemacht. In der Mitte saß der Finanzbeamte, seinem Schreiber die Einleitung des Aktenstücks diktierend, und zu seinen beiden Seiten der Vikar, der Alkalde, der Obmann und andere Honoratioren, unter ihnen der Arzt von Palmar, ein armer Paria* der Wissenschaft, der sich für sechs Reales zweimal in der Woche zum Dorf einschiffte, um die Fieberkranken in Bausch und Bogen zu kurieren.

Vor dem Platz des Obmanns lagen die Rechnungsbücher der Genossenschaft, an Stelle der Buchstaben mit wunderlichen Hieroglyphen ausgefüllt. So war es von den des Schreibens unkundigen Vorfahren eingeführt worden, und dabei blieb man. Jedem Fischer gehörte ein Blatt. Doch stand nicht sein Name am Kopf der Seite, sondern die Hausmarke, die er an seinen Booten und Netzen anbrachte: ein Kreuz, eine Schere, ein Entenschnabel, ein Halbmond. Und der Schöffe brauchte nur einen Blick auf die Zeichen zu werfen, um gleich sagen zu können: «Hier ist die Abrechnung von dem und dem.» Auf dem Rest der Seite befanden sich nichts als Striche und wiederum Striche, jeder gut für einen Monatsbeitrag. Die alten Fischer priesen dieses Buchhaltungssystem, das jedem die Revision ermöglichte und bei dem Betrügereien ausgeschlossen waren, wie sie in diesen modernen, mit Zahlen und enger Kritzelei gefüllten Büchern, die nur für gebildete Herren verständlich sind, vorkommen.

Der Obmann, ein pfiffig aussehender, vierschrötiger Fischer mit ganz kurz geschorenem Haar und unverschämten Augen, stand auf, räusperte sich und spuckte verschie-

* verallgemeinert: unterdrückter, rechtlos gewordener Mensch.

dene Male aus, worauf die Honoratioren am Präsidententisch sich zurücklehnten und leise miteinander zu plaudern begannen, da nun interne Angelegenheiten der Genossenschaft zur Erörterung gelangten.

*«Caballeros!»** begann der Schöffe, und sein herrischer Blick forderte Schweigen. Doch von unten herauf drang ein solcher Lärm, daß der Alkalde seinen Alguacil* aussenden mußte, um Frauen und Kinder zur Ordnung zu rufen.

*«Caballeros!»** Klare Worte! Mich habt ihr zum Obmann gemacht, damit ich von jedem seinen Beitrag einziehe und alle Vierteljahre der Hacienda fünfzehnhundert Pesetas bezahle. Aber so wie bisher kann es nicht weitergehen! Viele Mitglieder sind ihre Beträge schuldig, und die besser Situierten müssen dafür aufkommen. Um solche Unordnung in Zukunft zu vermeiden, schlage ich vor, daß alle mit ihren Zahlungen im Rückstand Befindlichen von der Verlosung ausgeschlossen werden.»

Ein Teil der Versammlung nahm diesen Vorschlag beifällig auf, verbesserten sich doch so ihre Aussichten, einen der guten Fischplätze zu erlangen. Aber die Mehrheit, alles Leute von armseligem Äußern, protestierte laut, so daß der Schöffe sich minutenlang nicht verständlich machen konnte.

Als wieder Ruhe eintrat, erhob sich ein blasser Mann mit krankhaft glänzenden Augen.

«Ich gehöre zu den Rückständigen, und vielleicht schuldet keiner so viel wie ich. Bei der vorjährigen Verlosung erhielt ich einen der schlechtesten Plätze, auf dem ich nicht

* Caballero: span. Bezeichnung für Herr.
** Gerichtsdiener, Polizist.

einmal so viel fischte, um meine Familie ernähren zu können. Zweimal in einem Jahr stakte ich nach Valencia mit zwei Kindersärgen, weißen Särgen mit goldenen Kanten, für die ich mir erst Geld leihen mußte. Sie waren allerliebst, aber kann ein Vater weniger tun, wenn seine Kleinen für immer von ihm fortgehen? Sie starben, so sagte mir Padre Miguel, weil sie zu schlecht ernährt wurden! Dann packte mich wochenlang, monatelang die Terciana. Ich zahlte nicht, weil ich nicht konnte, und deswegen wollt ihr mir mein Recht auf das Glück nehmen?»

Die Antwort auf seine langsam vorgebrachte, immer wieder von Fieberschauern unterbrochene Erklärung kam sofort.

«Nein! Und nochmals nein!» rief eine energische Stimme.

Paloma, helle Entrüstung in den blitzenden Äuglein, war aufgesprungen und wetterte los, jedes Wort mit Kernflüchen aus seinem Gedächtnis unterstreichend. Seine alten Freunde zupften an seinem Gürtel, um ihn auf seine Respektlosigkeit gegen die Señores am Präsidententisch aufmerksam zu machen. Doch der Greis wehrte sie unwirsch mit dem Ellenbogen ab.

«Einen Dreck scheren diese Einfaltspinsel mich, der ich mit Königinnen und Helden verkehrt habe! Ich spreche, weil es mein Recht ist. Cristo! Ich bin der älteste Fischer vom See, aus meinem Mund sprechen eure Väter und Großväter, und was ich sage, hat Gewicht! Die Albufera gehört allen. Verstanden? Und es ist schamlos, einem Mann das Brot zu nehmen, weil er die Hacienda nicht bezahlt. Bedarf diese Dame vielleicht der elenden Pesetas eines Fischers, um zu Abend essen zu können?»

Die letzte Bemerkung verwischte den peinlichen Eindruck, den die Klage des Fieberkranken hinterlassen hatte. Von den hinteren Bänken ertönte unterdrücktes Lachen.

«Auch ich bin Obmann gewesen», fuhr Paloma fort. «Damals hieß es: harte Faust gegen die Arbeitsscheuen, aber offene Hand für die Armen. *Cordones!* Nicht einmal Mauren würden so infam handeln! Wir sind Brüder, und der See gehört uns gemeinsam. Daher: alle Mann zur Verlosung!»

Tonet gab das Signal zu dem lebhaften Beifall, während sein Großvater fast zusammenknickte unter zärtlich gemeinten, aber sehr kräftigen Schlägen, die von seiten der dankbaren Armen auf seine Schulter hagelten.

Entmutigt schloß der Obmann seine Bücher. Es war immer dasselbe! Mit diesen Alten, die ewig jung blieben, konnte man keine Ordnung in die Genossenschaft bringen. Und mürrisch legte er den Lederbeutel mit den Losen auf den Tisch.

«Ich erbitte das Wort!» klang es von der Tür.

Die Nächststehenden machten Platz, und allgemeines Grinsen begrüßte das Auftreten Sangoneras, der sich bemühte, eine der Zeremonie würdige Haltung anzunehmen.

«Was willst du?» fragte ihn kurz der Schöffe, dessen üble Laune durch das Erscheinen des Vagabunden noch erhöht wurde.

«Was ich will? Nur wissen, warum mein Name nicht in jedem Jahr auf der Ziehungsliste steht. Bin ich nicht in Palmar geboren? Stamme ich nicht von Fischern ab?»

Die Anmaßung dieses Tunichtguts war unerhört.

«Habt ihr, dein liederlicher Vater und du, ein einziges Mal in eurem Leben ein Netz angerührt?» schnaubte der wütende Obmann. «Hat einer von euch je einen Centavo* Beitrag gezahlt? Die Marke der Sangonera, ehrenhafter Fischer anderer Zeiten, ist seit vielen Jahren in unsern Büchern gelöscht. Also raus mit dir, du Faulenzer!»

Gezwickt und gestoßen wurde Sangonera unter Trampeln und Johlen der jüngeren Fischer zur Tür zurückbefördert.

Über dieses unziemliche Verhalten entrüstet, sprang der Vikar auf.

«Was bedeutet das? Wo bleibt der Respekt vor euren Obern?» Kampfbereit beugte er den Oberkörper vorwärts. «Soll ich mal herunterkommen und dem ersten besten das Maul stopfen?»

Augenblicklich herrschte Ruhe. Voll Stolz auf seine Macht setzte sich Don Miguel wieder auf seinen Stuhl, wobei er seinem Nachbarn, dem Leutnant der Zollwächter, zuflüsterte:

«Sehen Sie? Mit dieser Herde würde keiner so gut fertig werden wie ich. Man muß ihr nur dann und wann das Ende vom Hirtenstab zeigen.»

Aber noch wirksamer als die Drohung des Vikars war die Bewegung des Präsidenten gewesen, der von dem Obmann eine Liste in Empfang nahm, um festzustellen, ob sämtliche Mitglieder sich eingefunden hatten. Sie enthielt die Namen aller Fischer Palmars, ganz gleich, ob jemand das Gewerbe selbständig ausübte oder seinem Vater half; es genügte, volljährig zu sein.

Der Präsident verlas die Namen, und jeder Fischer antwortete: *«Ave Maria Purisima»*** – in salbungsvollem

* kleine span. Münze.
** Gelobt seist du, allerreinste Jungfrau!

Ton wegen der Gegenwart des Pfarrers. Einige jedoch, Widersacher von Don Miguel, begnügten sich mit einem «Weiter» und freuten sich über sein ärgerliches Gesicht.

Dann entleerte der Obmann den schmutzigen Ledersack, der fast so alt war wie die Genossenschaft selbst. Über den Tisch rollten die Lose, hohle Kugeln aus schwarzem Holz, mit einem Loch versehen, in das ein Zettelchen mit dem Namen gesteckt wurde.

Einer nach dem anderen traten die Fischer vor, um ihre Kugel und ein Papierchen in Empfang zu nehmen, auf das man klugerweise schon den Namen des Betreffenden notiert hatte.

Ah, zu welch listigen Vorsichtsmaßregeln ließ der Argwohn diese armen Menschen greifen! Wer nicht lesen konnte, befragte einen befreundeten Schriftgelehrten, ob der Name auf dem Zettel auch stimmte, war jedoch erst nach mehreren Konsultationen überzeugt. Und nun kam der große Trick: sie stellten sich mit dem Gesicht zur Wand und klemmten mit dem Papierröllchen noch heimlich ein Strohhalmstückchen, ein schmales Streifchen Pappe oder sonst ein Erkennungsmerkmal in die Kugel hinein, das irgendeine Manipulation mit dem Los verhüten sollte.

Doch die Besorgnis wich erst, wenn die Kugel in den Ledersack versenkt worden war; dieser aus Valencia gekommene Señor rief in ihnen das ganze Mißtrauen wach, mit dem die ländliche Bevölkerung einem Beamten des Staates stets begegnet.

Der feierliche Akt begann. Don Miguel zog sein Käppchen, welchem Beispiel sämtliche Fischer folgten. Dann sprach er, wie es die Sitte erheischte, ein Salve Regina. Das brachte Glück, und während einer guten Weile murmelten die Fischer, die Mütze in der Hand, das Gebet an die Himmelskönigin nach.

Totenstille! Der Präsident schüttelte den Ledersack so kräftig, daß das Klappern der Kugeln in dieser Stille wie ferner Hagelschlag klang. Von Arm zu Arm, über die Köpfe hinweggereicht, gelangte ein Kind zur Estrade und tauchte seinen Arm in den Beutel. Bebende Erwartung. Alle Augen hingen starr an der schwarzen Kugel, aus der der Beamte langsam das Papierröllchen hervorzog.

Er verlas den Namen, und sekundenlang konnte man unter den Anwesenden, die nur an die Spitznamen gewöhnt waren und sich erst schwerfällig des ungebräuchlichen Familiennamens erinnerten, eine gewisse Unschlüssigkeit bemerken. Wer war diese Nummer eins?

Doch schon war Tonet mit einem Satz aufgesprungen. «Hier», schrie er, «hier!»

Ah, Palomas Enkel! Wie das Glück diesen Burschen verfolgte!

Seine nächsten Nachbarn gratulierten ihm, nicht ohne Neid; aber er blickte ängstlich, wie jemand, der noch nicht an sein Glück glaubt, zum Präsidenten. «Kann ich mir einen Platz aussuchen?» Auf das bejahende Nicken hin rief er: «Ich nehme die Sequiota!»

Kaum sah er, daß seine Angabe vom Schreiber eingetragen wurde, so schoß er wie ein Blitz aus dem Zimmer, stieß rechts und links alles beiseite, schüttelte die Freundeshände ab, die sich ihm glückwünschend entgegenstreckten.

Auf der Plaza fieberte die Menge in derselben Erregung wie die Fischer oben. Es war üblich, daß die ersten Gewinner sich sofort zeigten und ihren Hut zum Zeichen ihres Triumphes in die Luft warfen. Sobald man daher Tonet die Treppe beinahe hinunterfallen sah, erhob sich ein ungeheures Geschrei.

«Der Kubaner! Er ist es! Der Kubaner zog die erste Nummer!»

Die Frauen stürzten auf ihn los und umhalsten ihn.

«Wie würde sich deine Mutter gefreut haben, wenn sie das noch erlebt hätte!» weinten sie vor Rührung.

Und der durch diese Ovationen etwas verwirrte Tonet umarmte in dem Durcheinander von Röcken instinktiv Neleta, deren grüne Augen ihm freudig zulächelten.

Der Kubaner wünschte seinen Triumph zu feiern. Kistenweise ließ er Brauselimonade und Bier für die Señoras heranschleppen. Alle sollten sie trinken, soviel wie sie wollten. Er würde zahlen!

Im Nu verwandelte sich der Kirchplatz in ein Lager. Sangonera mit seiner stets wachen Aktivität, sobald es sich ums Trinken handelte, brachte, den Wünschen seines großzügigen Freundes entgegenkommend, sämtliche hartgewordenen Biskuits aus den Glasschalen von Cañamels Schanktisch und rannte von einem zum anderen, um die Gläser zu füllen, nicht ohne sich selbst häufig zu bedenken.

Wieder flogen Hüte in die Luft: die Gewinner der anderen guten Plätze kamen herunter. Doch nur ihre Freunde und Familien begrüßten sie mit einem Vivat; die ganze Aufmerksamkeit gehörte der Nummer eins, dem freigebigen Tonet.

Der alte Paloma mußte bei jeder Gruppe haltmachen, um Glückwünsche in Empfang zu nehmen. Heute war er mit seinem Enkel restlos zufrieden.

«Hi, hi! Die Taugenichtse haben, wie mein Vater schon sagte, stets Dusel! Beteiligt sich der Bengel zum erstenmal an der Ziehung und holt sich das große Los. Na, ganz schön für die Familie.»

Und er begeisterte sich bei der Idee, daß er ein Jahr lang der erste Fischer der Albufera sein würde.

In seiner freudigen Rührung näherte er sich seinem Sohn, der wie gewöhnlich ernst und vergrämt beiseite stand. Warum war Toni nicht froh, jetzt, da das Glück seinen Einzug in ihre Hütte gehalten hatte? Man mußte es sich zunutze machen. Er jedenfalls würde dem Kleinen helfen, der doch nicht viel vom Fischfang verstand. Und es sollte ein glänzendes Geschäft...

Dem Alten stockte die Rede angesichts der Gleichgültigkeit, mit der sein Sohn seine Worte aufnahm.

«Ja, es ist ein Glück, den ersten Platz zu bekommen», begann Toni endlich, «vorausgesetzt, daß man über die nötigen Geräte verfügt. Doch tausend Pesetas braucht man allein für die Netze. Haben wir vielleicht diese Summe?»

Paloma lachte. Pah, da würde man sich ein Darlehen geben lassen!

Aber Toni zuckte schmerzlich zusammen, als er das Wort Darlehen hörte. «Ich habe genug damit zu tun, meine Schulden zu tilgen, in die mich die früheren schlechten Ernten stürzten, und denke nicht daran, mir wegen des Fischfangs neue Sorgen aufzubürden. Mein einziger Wunsch ist, meine Felder bald aus dem Wasser auftauchen zu sehen.»

Der greise Fischer drehte seinem Sohn den Rücken. Und so etwas war Blut von seinem Blut! Besser doch noch Tonet, trotz all seiner Faulheit! Und der Alte machte Miene, sich wieder zu diesem zu gesellen, damit sie beide ausklügelten, wie man sich am besten aus der Verlegenheit ziehen konnte. Der Herr der Sequiota würde das Geld schon finden!

Tonet, von Freunden umdrängt, von den Frauen umschmeichelt, fühlte, wie ihn jemand am Ärmel zupfte. Es war Cañamel, der ihn mit liebevollen Blicken einzuhüllen schien. Er hatte mit Tonet ein paar Worte zu reden in einer Sache, die er nicht bis morgen verschieben möchte.

Von den neugierigen Blicken der Menge gefolgt, gingen die beiden ein wenig abseits. Der Schankwirt steuerte ohne Umschweife auf den Kernpunkt los.

«Tonet, dir fehlen die Mittel, um die Sequiota auszubeuten. Stimmt das? Nun gut, ich, dein aufrichtigster Freund, bin bereit, dir zu helfen. Du hast den Platz, ich habe das Geld. Machen wir die Sache gemeinsam.»

Und als Tonet, der nicht wußte, was er sagen sollte, schwieg, setzte ihm Cañamel, in Angst, das lukrative Geschäft zu verlieren, noch dringlicher zu. «Du denkst doch etwa nicht daran, dir Geld bei diesen französischen Halsabschneidern in Catarroja zu leihen? Schnüren sie deinem Vater nicht die Kehle zu mit ihren Wucherzinsen? Bei mir hast du es mit deinem besten Freund zu tun, denn nie, zum Teufel, kann ich vergessen, daß Neleta in eurer Hütte groß wurde und daß sie dich wie einen Bruder liebt. Und wenn du zu mir kein Vertrauen hast, will ich sie rufen, damit sie dir sagt, wo dein Vorteil liegt. Soll ich sie rufen?»

So verlockend auch das Anerbieten klang, schwankte der Kubaner doch, ob er es annehmen sollte. An die ernsten Ratschläge seines Vaters denkend, ließ er sein Auge unschlüssig über die Plaza schweifen. Da sah er, wie der Großvater ihm eifrig mit dem Kopf zunickte.

Paloma, der selbst schon die Hilfe des reichen Cañamel in Betracht gezogen hatte, ahnte, was dieser so eifrig seinem Enkel zutuschelte. Und er ermutigte Tonet durch neue Zeichen.

Der Kubaner entschied sich. Neletas Gatte, der in Tonets Gesicht die Zustimmung las, beeilte sich, sofort die Bedingungen des Vertrags festzulegen. «Also, ich gebe alles notwendige Geld, und du übernimmst mit deinem Großvater die ganze Arbeit. Der Gewinn geht zur Hälfte an mich. Einverstanden?»

«Einverstanden!» Die beiden Männer bekräftigten ihr Abkommen durch Handschlag, um dann Neleta und den alten Paloma herbeizuwinken. Der Vertrag sollte durch ein gutes Essen in der Taverne gefeiert werden.

Schnell wie ein Lauffeuer verbreitete sich die Nachricht, daß der Kubaner und Cañamel Halbpart machen würden.

Die Samaruca mußte auf Befehl des Alkalden mit Gewalt fortgeschafft werden. Wie eine Besessene tobte sie auf der Plaza umher und schrie unter Anrufung ihrer toten Schwester aus vollem Hals:

«Dieser schamlose Cañamel! Um eines fetten Geschäfts willen entblödet er sich nicht, den Liebhaber seiner Frau ins eigene Haus zu setzen!»

Tonets Stellung in Cañamels Etablissement änderte sich vollständig. Nun war er nicht mehr ein Gast: er war des Hausherrn Sozius, der beim Betreten der Taverne mit hochmütiger Miene dem Gezischel von Neletas Feindinnen Trotz bot.

Wenn er jetzt den ganzen Tag dort verbrachte, so geschah das, um das große Geschäft zu besprechen. Ungeniert betrat er die Privatwohnung oder sprang zum Zeichen, wie sehr er sich zu Hause fühlte, über den Schanktisch und setzte sich neben Cañamel. Häufig verkaufte er, wenn das Ehepaar ins Innere des Hauses gerufen wurde, inzwischen die Waren aus dem kleinen Kramladen, wobei er unter dem Gelächter seiner Freunde Stimme und Gesten von Onkel Paco nachahmte.

Der Wirt war mit seinem Sozius zufrieden.

«Ein ausgezeichneter Junge!» äußerte er sich in Tonets Abwesenheit zu den Stammgästen. «Falls er fortfährt, sich gut zu führen und hinter der Arbeit her ist, wird er es unter meiner Protektion noch weit, sehr weit bringen.»

Auch der alte Paloma kam häufiger als bisher zur Taverne. Eine lärmende Auseinandersetzung in der stillen Hütte noch am Abend der Verlosung hatte bewirkt, daß sich die Familie in zwei Lager teilte. Toni und Borda fuhren weiter an jedem Morgen zu der kleinen Lagune, wo sie den Kampf mit dem See fortsetzten, während Tonet mit seinem Großvater den Weg zur Kneipe nahm, um mit Cañamel über das bevorstehende Unternehmen zu beratschlagen, bei welcher Gelegenheit letzterer immer wieder die Großzügigkeit rühmte, mit der er auf das Geschäft eingegangen war.

«Ich riskiere mein Geld, ohne zu wissen, wie der Fischfang ausgehen wird, und begnüge mich mit der Hälfte vom Gewinn. Wie machen es hingegen die fremden Geldverleiher an der Küste? Gute Hypotheken und Wucherzinsen!» Sein ganzer Haß gegen diese Eindringlinge, die grimmige Rivalität in der Kunst, den Nächsten auszubeuten, vibrierte in seinen Worten. «Und wer sind diese Leute, die sich allmählich des ganzen Landes bemächtigen? Franzosen! Mit zerrissenen Schuhen sind sie ins Valencianische gekommen, und nicht einmal ihr eigenes Geld verleihen sie. Zu Hause nehmen sie es zu vier und fünf Prozent auf, um es hier zu zwanzig auszuleihen. Feines Geschäft! Dazu schmuggeln sie noch Pferde über die Pyrenäen, die sie unseren Bauern auf Abzahlung verkaufen, doch so, daß die Käufer niemals endgültige Besitzer werden. So etwas ist Diebstahl, eines Christenmenschen unwürdige Räuberei!»

Der alte Paloma, den es unausgesetzt wurmte, daß sein eigener Sohn sich in Schulden gestürzt hatte, um Land bebauen zu können, pflichtete ihm bei.

«Ja, ja! Die kleinen Bauern sind nichts anderes als Sklaven! Die ganze Ernte geht an den Franzosen, der ihnen Geld geliehen hat, und an den Engländer, von dem sie Dünger auf Kredit nehmen. Nur um den Fremden die Tasche zu füllen, rackern sie sich ab. Und dabei gibt es genug Aale im See.»

In Wirklichkeit waren es fast ausschließlich Paloma und der Schankwirt, die sich über das Geschäft berieten, denn Neleta und Tonet saßen derweilen hinter der Theke und betrachteten sich mit Augen, die zu ihrer harmlosen Plauderei wenig paßten. So war es nicht verwunderlich, daß die Wein oder Öl einkaufenden Kundinnen, während sie anscheinend stumpfsinnig zusahen, wie die letzten Tropfen aus dem Trichter in die Flasche liefen, die Ohren spitzten, um einige Brocken der Unterhaltung zu erlauschen.

Auch der Großvater, den solche Vertraulichkeit beunruhigte, nahm sich Tonet vor. «Haben die Samaruca und andere böse Zungen recht, die von heimlichen Beziehungen zwischen dir und Neleta reden? Oho, Tonet, das würde unserem Geschäft übel bekommen!»

Aber der Enkel brauste auf, und dem Alten blieb nichts übrig als zu schweigen, obgleich seine Furcht, daß diese Freundschaft zu einem schlechten Ende führen möchte, nicht gewichen war.

In dem engen Raum hinter dem Schanktisch glaubte sich Tonet an Neletas Seite im Paradies. Er tauschte mit ihr allerhand Kindheitserinnerungen aus; er erzählte ihr seine Erlebnisse in den fernen Ländern, und wenn sie schwiegen, fühlte er neben diesem Frauenkörper, dessen Wärme ihn durch die Kleider hindurch zu streicheln schien, jene Trunkenheit, wie er sie damals im nächtlichen Wald kennengelernt hatte. Blieb er zum Abendessen bei Cañamel, so holte er bisweilen eine Ziehharmonika, außer den Strohhüten seine einzige von Kuba mitgebrachte Habe, spielte zum Entzücken der Gäste schmachtende Habaneras * oder sang

* Kubanisch – spanischer Tanz.

Guajiras*, süße Verse, die vom Zephir, von Harfen und von Herzen zart wie Gujavas sprachen und deren weicher kubanischer Akzent Neleta betörte. Die Augen halb geschlossen, legte sie sich weit zurück, als wollte sie den schweren Druck auf ihrer Brust erleichtern.

Am Tag nach solchen Serenaden folgten der schönen Wirtin Blicke Tonet überallhin, während er von Tisch zu Tisch gehend seine Freunde begrüßte.

Der Kubaner erriet den Grund.

«Du hast von mir geträumt, nicht wahr? Und ich von dir! Die ganze Nacht sah ich dich, so wirklich, daß ich die Hände ausstreckte, um dich zu fassen.»

Nach diesem gegenseitigen Geständnis kehrte die Ruhe bei ihnen ein; eine Ahnung sagte ihnen, daß sie sich ungeachtet aller Hindernisse eines Tages angehören würden.

Im Dorf durften sie an keinerlei Intimität denken, denn ganz Palmar überwachte sie tagsüber, und außerdem verließ der kränkliche Cañamel kaum das Haus. Gelegentlich pfiff er zwar, von einem Drang nach Tätigkeit erfaßt, seiner alten Hündin Centella und ruderte in einem kleinen Boot nach dem nächsten Röhricht, um Wasserhühner zu schießen. Doch bald kehrte er hustend zurück und ließ nicht nach, über die Feuchtigkeit zu stöhnen, bis ihm Neleta Kopf und Hals mit wollenen Tüchern umwickelte und heißen Tee eingab. Deutlich verrieten ihre Mienen dann die Geringschätzung für diesen Ehemann!

Der Sommer ging zu Ende, und es war Zeit, sich ernsthaft mit den Vorbereitungen zum Fang zu befassen; bereits besserten die Inhaber der anderen Plätze vor ihren

* Tanz; auf Kuba auch Anrede für die Bauern.

Hütten die großen Netze aus, die zum Absperren der Kanäle dienten. Der alte Paloma mahnte ungeduldig, die notwendigen großen Mengen Garn zu kaufen und im Knüpfen erfahrene Frauen anzustellen, da die aus früheren Geschäftsverbindungen Cañamels übriggebliebenen Netze für die Sequiota nicht ausreichten.

Das beste Garn war das für die Hochseefischerei am Strand von Cabañal hergestellte, und so kam man eines Abends bei einem gemeinsamen Essen überein, daß es Paloma als erfahrener Kenner aussuchen sollte, jedoch in Begleitung Cañamels, der die Bezahlung selbst vorzunehmen wünschte in der Befürchtung, sonst betrogen zu werden. Aber etwas später, in dem glückseligen Zustand der Verdauung, dachte der Wirt mit Schrecken an den nächsten Tag. Bei Morgengrauen aufstehen, aus dem warmen Bett im feuchten Nebel untertauchen, den See durchqueren und dann zu Land über Valencia nach Cabañal. Und diese ganze Strecke noch einmal auf dem Heimweg! Cañamels aufgedunsener, durch den Mangel an Bewegung schlapp gewordener Körper erschauerte schon im voraus vor Entsetzen. Dieser Mann, der vormals einen großen Teil seines Lebens in der Welt umhergewandert war, hatte in dem Schlammboden Palmars so tief Wurzel geschlagen, daß ihm die Idee, einen ganzen Tag unterwegs sein zu müssen, Beklemmungen verursachte.

Der Hang nach Ruhe ließ ihn seine Dispositionen ändern.

«Ich bleibe hier, um die Taverne zu beaufsichtigen. Dafür fährt Neleta mit; es versteht doch niemand besser zu feilschen als die Frauen. Nachmittags kann euch Tonet im Hafen von Catarroja erwarten, um das Garn auf sein Boot zu laden.»

Noch stand die Sonne sehr hoch, als der Kubaner mit steifem Segel in den Kanal einlief, an dessen einem Ufer die ganze Flotte der von Paloma so gehaßten Fischer Catarrojas festgemacht war: schwarze Särge von verschiedener Größe, alle von wurmstichigem Holz. Neben kleinen, Schuhe genannten Boote, die ihre spitzen Enden aus dem Wasser reckten, versenkten die großen Lauten mit einer Tragfähigkeit von hundert Sack Reis ihre breiten Bäuche tief in das Grün der Schlingpflanzen, während ihre ungeglätteten, stumpfen Maste sich wie ein kahler Wald am Himmel abhoben. Zwischen dieser Flotte und dem gegenüberliegenden Ufer blieb nur eine schmale Fahrtrinne, so daß der Bug der ein- und ausfahrenden Segelboote immer wieder mit den vertäuten Barken kollidierte.

Tonet machte sein Boot vor der Hafenschenke fest und sprang an Land, wo riesige Haufen von Reisstroh lagerten. Überall kratzten, gackerten und pickten Hühner, die diesem Anlegeplatz das Aussehen eines Geflügelhofes gaben. Am Ufer waren Schiffszimmerleute mit dem Bau von Barken beschäftigt; andere Boote aus gelbem, erst kürzlich gehobeltem Holz warteten auf den Teertopf des Kalfaterers. In der Tür der Taverne saßen zwei nähende Frauen. Weiter rückwärts stand unter einem Strohschuppen die Gemeindewaage mit zwei Binsenkörben an Stelle der Schalen. Eine Frau wog dort die Aale und Schleien der heimkehrenden Fischer ab und warf von dem Fang eines jeden einen Aal in den neben ihr stehenden Korb, ein freiwilliger Tribut der Bevölkerung für das Fest ihres Schutzpatrons Sankt Peter. Knarrend entfernten sich einige reisbeladene Wagen in der Richtung nach den großen Mühlen.

Tonet, der nicht wußte, was er beginnen sollte, war schon im Begriff, die Taverne zu betreten, als er hörte, wie jemand ihn beim Namen rief. Gleichzeitig hob sich hinter einem der großen Strohhaufen winkend ein Arm, vor dem das Hühnervolk erschreckt Reißaus nahm.

Als der Kubaner der Stimme nachging, sah er in die gelblichen Augen seines Freundes Sangonera. Die Hände als Kissen im Nacken und die Brust entblößt, lag er langausgestreckt im Stroh; um das blasse, vom Alkohol zermürbte Gesicht summten gierige Fliegenschwärme, ohne daß der Ruhende auch nur eine Bewegung daran verschwendete, sie zu verscheuchen.

«Was machst du da?» fragte Tonet, erfreut, sich mit ihm die Zeit vertreiben zu können.

«Nichts! Ich warte, daß der Abend kommt und mich irgendein Bekannter einlädt. Mittlerweile ruhe ich aus, die beste Beschäftigung für einen Mann! Mittags gaben mir ein paar brave Fuhrleute, die im Wirtshaus aßen, einige Bissen ab und ließen mich zum Dank für meine Schnurren auch an ihrem Weinkrug lutschen. Aber kaum waren sie fort, so setzte mich der Wirt, ein Grobian wie alle seinesgleichen, vor die Tür.»

Wohlig rekelte er sich im Stroh.

«Ich sah dich von meinem Nest aus; aber diese Kuhle ist so bequem, daß ich nicht aufstehen konnte. Sag mal, sind wir noch Freunde? Dann lade mich zu einem Gläschen ein!»

Das zustimmende Nicken Tonets siegte über Sangoneras Faulheit, und er entschloß sich, sein Lager zu verlassen. Sie tranken ihren Wein in der Taverne und setzten sich dann auf einen Bretterstapel am Ufer.

«Was soll ich in Palmar anfangen?» beklagte sich der Stromer. «Cañamels Taverne darf ich nicht betreten. Neleta, die nicht mehr weiß, woher sie stammt, hat mir ihr

Haus verboten, weil, so sagt sie, zuviel Schlamm an meinen Kleidern hängt. Und in den anderen Kneipen verkehren nur arme Teufel. Da bleibt mir nichts anderes übrig, als die Dörfer abzustreifen, um wie mein Vater großmütige Menschen zu suchen.»

Tonet, dessen Trägheit den Seinen so viel Verdruß bereitet hatte, erkühnte sich, ihm Ratschläge zu erteilen:

«Aber warum arbeitest du nicht?»

Sangonera zog ein verblüfftes Gesicht.

«Was? Auch du? Du kommst mir wie die Alten in Palmar? He, warum drückst denn du dich jeden Tag bei Cañamel herum und trinkst vom Besten, anstatt deinem Vater zu helfen?»

Der Kubaner, von der Logik des Trunkenboldes in die Enge getrieben, lächelte verlegen. Aber schon wurde der Vagabund, eingedenk des Weins, den Tonet für ihn bezahlt hatte, wieder sanft. In der Stille des sonnigen Nachmittags, die nur dann und wann durch das Gegacker der Hühner unterbrochen wurde, neigte er zu Vertraulichkeiten.

«Glaube mir, Tonet, ich kann nicht arbeiten, und wenn man mich dazu zwingen würde. Die Arbeit ist ein Werk des Teufels, ein Ungehorsam gegen Gott und die schwerste aller Sünden. Nur Menschen mit verdorbener Seele, die sich mit ihrer Armut nicht abfinden können, die mit nichts als der Gier, Geld aufzuspeichern, an den morgigen Tag denken, können sich der Arbeit hingeben, durch die der Mensch sich zum Tier herabwürdigt. So zu handeln heißt an der Barmherzigkeit Gottes zweifeln, der seine Kreaturen nicht im Stich läßt, und ich bin vor allem anderen Christ.»

Sangoneras Blick schweifte über die vom letzten Sonnenlicht purpurn gefärbte Oberfläche des Kanals. Langsam, mit einem mystischen Ausdruck, der wenig seinem nach Alkohol riechenden Atem entsprach, fuhr er fort:

«Tonet, du bist ein Dummkopf! Ich weiß mehr als ihr alle in Palmar, denn als Sakristan habe ich die Bücher vom Vikar gelesen und fast das ganze Neue Testament auswendig gelernt. Sagt Jesus nicht von den Vögeln des Himmels: Sie säen nicht, sie ernten nicht, und Gott erhält sie doch! Sagt er nicht von den Lilien auf dem Feld: Sie brauchen nicht zu weben, denn Gottes Güte kleidet sie! Ich bin eine Kreatur Gottes und baue auf ihn. Und ich will den Herrn nicht durch Arbeit beleidigen, als zweifelte ich daran, daß mir seine Güte zur Seite steht. Nein, Tonet, ich will gerade so sein wie die Vögel vom See, wie die Blumen im Röhricht: nichts tun und auf die göttliche Vorsehung bauen. Von der Sucht nach irdischen Gütern will ich mich reinhalten in dieser Welt, wo alle im Kampf ums Dasein die Fäuste zeigen, wo jeder seinen Nächsten plagt, um ihm etwas von seinem Wohlsein zu nehmen.»

«Dann laß doch den See im Stich und geh ins Kloster», riet der Kubaner; «dahin gehörst du mit solchen Ideen.»

Sangonera jedoch protestierte hiergegen voll ehrlicher Entrüstung.

«So? Ich habe mich mit dem Vikar überworfen und die Sakristei für immer verlassen, weil es mir zuwider war, bei meinen Gebietern einen Geist zu sehen, der den Büchern, die sie lesen, widerspricht. Sie sind genau wie alle anderen: lüstern nach der Peseta des Nächsten, die Gedanken auf Essen und Kleidung gerichtet, das Nachlassen der Frömmigkeit bejammernd, wenn kein Geld einkommt. Ich aber habe Glauben und bin zufrieden mit dem, was ich auf meinem Weg finde. Nie fehlt mir nachts ein Strohhaufen als Lager, nie spüre ich den Hunger so stark, daß ich zusammenbreche. Der Herr stellte, als er mich am See geboren werden ließ, alle Mittel zum Leben in meinen Bereich, damit ich das Beispiel eines wahren Gläubigen geben soll.»

Tonet überkam die Lust, den alten Säufer zu verspotten.

«Und weil du so reinen Herzens bist, betrinkst du dich! Wahrscheinlich befiehlt dir Gott, von einer Taverne in die andere zu laufen, um hinterher auf allen vieren über die Dämme zu kriechen.»

Doch auch dieser Hohn vermochte nicht den feierlichen Ernst Sangoneras zu erschüttern.

«Meine Trunkenheit bringt niemandem Schaden. Und außerdem ist der Wein etwas Heiliges. Nicht ohne Grund bedient man sich seiner beim täglichen Meßopfer! Die Welt ist schön, aber durch ein Glas Wein gesehen, erscheint sie noch lächelnder, in noch schöneren Farben. Und mit größerer Innigkeit bewundert man dann ihren Schöpfer. Jeder ergötzt sich nach seiner eigenen Weise. Cañamel zum Beispiel stapelt Goldunzen auf, und ich jauchze wie ein kleines Kind vor Entzücken über den Glutball der untergehenden Sonne, über diese Dämmerstunde, die am See viel geheimnisvoller und schöner ist als auf dem Festland.»

Ein langes Stillschweigen folgte. Aber Sangoneras Beredsamkeit war noch nicht erschöpft.

«Unser Vikar sagt, daß der Mensch dazu verdammt ist, sein Brot im Schweiß seines Angesichts zu essen. Aber ist nicht Jesus auf die Welt gekommen, um uns von der Erbsünde zu erlösen? Um der Menschheit ein Leben wie im Paradies, frei von jeder Arbeit, wiederzubringen? Nur halten sich die von ihrem Hochmut verblendeten Sünder nicht an seine Worte. Jeder will besser leben als die anderen – es gibt Reiche und Arme, statt daß alle gleich wären.

Jesus muß wieder auf die Welt kommen, muß die Menschen von neuem auf den guten Weg leiten. Bei dieser Wiederkehr, an die ich fest glaube, wird er sich aber nicht in den reichen, großen Städten zeigen, wie er ja auch das erste Mal jene ungeheure Stadt Rom nicht besucht, sondern nur in kleinen Dörfern gepredigt hat. Und der See, über dessen Wellen Jesus zum Staunen der Jünger schritt, war sicher nicht größer und schöner als die Albufera.»

Mit einer Begeisterung, die ebensosehr von seinem seltsamen Glauben wie vom Wein herrührte, richtete er seine Blicke exaltiert zum Horizont.

«Ich habe oft von ihm geträumt, und einmal, Tonet, einmal, als mich das Fieber schüttelte, sah ich sein violettes Gewand mit den starren Falten so nahe vor mir, daß ich es berühren wollte, um geheilt zu werden.»

Tonet hörte ihm schon nicht mehr zu. Auf der Landstraße von Catarroja ertönte lautes Schellengeklingel, und hinter dem Wiegehäuschen kam die rissige Wetterplane eines zweirädrigen Wagens zum Vorschein. Sangoneras scharfe Augen hatten sofort Neletas Kopf an dem Fensterchen des Fuhrwerks erkannt, was ihn veranlaßte, sich von Tonet zu verabschieden und wieder in sein Stroh zu kriechen; mit Cañamels hochnäsiger Frau, die ihn nicht mehr in der Taverne duldete, wollte er nichts zu schaffen haben!

«Und der Großvater?» staunte Tonet, als aus der dicht am Ufer haltenden Tartana nur Neleta ausstieg.

«Er macht den Umweg über Saler, wo er bei einer Witwe noch einige Fischleinen billig erstehen will. Von dort kehrt er nachts mit irgendeinem Boot direkt nach Palmar heim.»

In beider Augen lag derselbe Gedanke: eine Rückfahrt zu zweien! Zum erstenmal ein Zusammensein fern von jedem neugierigen Blick! Und beide wurden blaß angesichts einer tausendmal ersehnten Gefahr, die sich jetzt plötzlich und unvermutet einstellte. Doch ein sonderbares Schamgefühl ließ sie den Augenblick ihrer Abfahrt hinauszögern, als fürchteten sie die Glossen der Leute im Hafen, die sie in Wirklichkeit kaum beachteten.

Mit Hilfe des Kutschers schichtete Tonet die dicken Bündel Garn am Bug des Boots zu einem gelben Haufen, von dem der starke Geruch frisch gedrehten Hanfes aufstieg.

Neleta bezahlte den Fuhrmann. «Kommen Sie gut heim!» rief er, als er peitschenknallend fortrollte. Doch noch immer traf sie keine Anstalten, das Boot zu betreten.

«Es wird Zeit, wenn wir noch etwas von dem Wind haben wollen», mahnte der Kubaner mit heiserer Stimme und half ihr zu einem Sitz am Fuß des Mastes.

Das Segel rauschte hoch; langsam glitt die Barke in der ersterbenden Brise den Kanal entlang.

Im letzten Abendlicht zogen die Hütten vorbei mit ihren Girlanden von Netzen, die auf den Rohreinfriedigungen trockneten, ab und zu auch alte Wasserräder, deren vermorschtes Holz die Fledermäuse zu umflattern begannen. Am Uferrand schleppten Fischer mittels des am Gürtel befestigten Seils mühsam ihre Boote vorwärts.

«Guten Abend», grüßten sie.

«Guten Abend!»

Und wieder Stille. Wieder hörte man nichts als das Glucksen des von der Barke geteilten Wassers und das Gequake der Frösche. Immer mehr wichen die Ufer auseinander, weite Strecken Röhricht vorschiebend, das im Dämmerlicht wie die Wipfel eines versunkenen Waldes hin und her wogte.

Noch ein kurzes Stück trieb sie die einschlafende Brise. Um sich herum sahen sie nur noch Wasser; Neleta und Tonet waren in der Albufera.

Ganz ruhig lag der See, dessen sanftes Opal den letzten Glanz der bereits hinter den fernen Bergen verschwundenen Sonne widerspiegelte. Vereinzelt begann das Gefunkel der Sterne den tiefviolett gefärbten Himmel zu durchbrechen, und wie Schemen zeichnete sich an den Grenzen der Wasserfläche die schlaffe, reglose Leinwand der großen Barken ab.

Tonet barg das Segel und griff zur Stange.

«Soll ich dir helfen?» fragte Neleta. «Staken kann ich auch; du weißt doch, wie wir als Kinder in fremden Booten ausrissen, um die Kanäle zu durchstöbern?»

«Ruhig», verwies er sie.

Doch Neleta schwieg nicht. Sie fühlte sich bedrückt von dieser Stille, in der sich ihre Blicke flohen, als fürchteten sie, die Gedanken zu verraten.

Weit, sehr weit vor ihnen hob sich wie ein phantastischer, nie erreichbarer Strand die gezackte Linie der Dehesa.

«Erinnerst du dich noch an die Nacht, die wir dort verbrachten, Tonet? An unsere große Angst und den friedlichen Schlaf? Mir ist unser Abenteuer noch so frisch in der Erinnerung, als hätten wir es gestern erlebt.»

Ihre Stimme war ruhig, doch das Lachen klang gemacht. Als ihr Begleiter stumm blieb, drehte sie, stutzig geworden, den Kopf. Jetzt erst bemerkte sie, wie seine Blicke, unruhig flackernd, an ihren kleinen gelben Schuhen hingen und an den Beinen, die das hochgerutschte Kleid freigab. Hastig zog sie es hinunter, doch ihr Lächeln verschwand. Ein harter Ausdruck lag um ihren zusammengekniffenen Mund, und zwischen den fast geschlossenen Augen zog sich eine tiefe Falte, die von ihrem Bemühen sprach, Herr über sich zu bleiben.

Nur langsam kamen sie weiter. Es war eine überaus saure Arbeit, die Albufera mit dem schwer beladenen Boot zu durchqueren. Andere Barken, die als einziges Gewicht nur den Mann trugen, der sie stakte, flogen schnell wie Pfeile an ihnen vorbei und verloren sich in dem stetig dunkler werdenden Zwielicht.

Über eine Stunde hatte Tonet sich gequält, bald mit der Stange auf dem harten Muschelboden abgleitend, bald im Tang steckenbleibend, und sein keuchender Atem bewies, wie sehr ihn diese nicht mehr gewohnte Strapaze angriff. Wäre er allein gewesen, so hätte er sich lang ausgestreckt, um auf Wind zu warten oder auf ein Boot, das willig war, ihn ins Schlepptau zu nehmen. Aber Neletas Gegenwart weckte seinen Ehrgeiz, und ohne im Staken innezuhalten, wischte er immer häufiger mit dem Ärmel sein schweißbedecktes Gesicht ab.

«Komm zu mir und verschnaufe dich ein bißchen. Es ist doch gleichgültig, ob wir eine halbe Stunde früher oder später ankommen.»

In Neletas Stimme schwang ein Ton mütterlicher Zärtlichkeit. Sie rutschte auf ihrem Bündel zur Seite, um ihm Platz zu machen.

Unbeweglich ruhte die Barke, und die Nacht, der nur wenige, im Wasser zitternde Sterne eine spärliche Helle gaben, wurde lebendig von geheimnisvollen Stimmen. Vom Meer kommende Wolfsbarsche verfolgten die kleinen Fische, bei deren regelloser Flucht die schwarze Wasserfläche in einem beständigen Tschap-Tschap zerriß. Aus einem nahen Röhricht jammerten ängstliche Krickenten, und Seenachtigallen schmetterten ihre endlosen Skalen. Inmitten dieses von Geräuschen und Gesängen belebten Schweigens träumte Tonet, daß die Zeit nicht weitergegangen wäre, daß er wieder als Junge auf einer Waldlichtung säße, neben sich die Gefährtin seiner Kindheit, die Tochter einer Aalhändlerin. Jetzt hatte er keine Furcht; nur verschüchterte ihn der berauschende Duft, der von ihrem Körper ausging und ihm wie schwerer Wein zu Kopf stieg.

Ohne zu wagen, Neleta in die Augen zu sehen, schlang er einen Arm um ihre Taille. Fast im gleichen Augenblick spürte er die Liebkosung einer weichen Hand, die kühlend über seine heiße Stirn strich.

Den Kopf hebend, sah er dicht vor sich zwei leuchtende Augen, die das Licht eines fernen Sterns widerspiegelten; an der Schläfe fühlte er das Schmeicheln von Neletas blondem Haar, das ihren Kopf wie eine Aureole umgab. Das starke Parfum, von dem ihre Kleidung wie durchtränkt zu sein schien, drang bis ins Innerste seines Seins.

«Tonet! Tonet!» murmelte sie mit vergehender Stimme.

Ganz wie damals in der Dehesa! Aber jetzt waren sie keine Kinder mehr; die Unschuld, mit der sie sich aneinandergedrängt hatten, um Mut zu schöpfen, war verschwunden. Und als sie sich nach so vielen Jahren von neuem umarmten, fielen sie, alles vergessend, auf die hanfenen Garnbündel, mit dem Wunsch, nie wieder aufzustehen.

Wie verlassen blieb die Barke mitten auf dem See liegen, ohne daß sich die leichteste Silhouette über ihrem Rand abzeichnete.

Langgedehnt erklang ein Lied heimkehrender Fischer. Sie stakten durch das dunkle, von Gemurmel erfüllte Wasser und ahnten nicht, daß ganz nahe, eingelullt vom Gezwitscher der Seevögel, in der Stille der Nacht sich Eros, der Beherrscher der Welt, auf den Planken einer Barke wiegte.

PALMARS GROSSES FEST NAHTE, DAS FEST ZU EHREN des Jesuskindes.

Es war Dezember. Über die Albufera pfiff ein eisiger Wind, der die klammen Hände der Fischer an die Ruderstangen anpichte. Die Männer trugen bis über die Ohren heruntergezogene wollene Mützen und trennten sich nicht mehr von ihrem gelben Ölzeug, das beim Gehen wie steifgestärkte Unterröcke knitterte. Die Frauen verließen überhaupt kaum die Hütte; das ganze Familienleben spielte sich am Herdfeuer ab, von dem man sich in einer Luft, dick und muffig wie die der Eskimohütten, ergeben räuchern ließ.

Das Niveau der Albufera stieg und stieg. Die winterlichen Regenfälle brachten so erhebliche Zuflüsse, daß von den überschwemmten Feldern und Dämmen nur hier und da die Spitzen versunkener Pflanzen herausguckten. Isoliert liegende Hütten, die früher auf festem Boden gestanden hatten, trieben jetzt scheinbar auf dem Wasser, und die Boote legten an der Haustür selbst an.

Von dem Sumpfboden Palmars stieg eine grausame, unerträgliche Kälte empor, und die Gevatterinnen im Dorf beteuerten, noch niemals einen derartig harten Winter erlebt zu haben. Die diebischen Sperlinge fielen erstarrt von den Strohdächern, mit einem kleinen Piepen, traurig wie das Wimmern eines Säuglings. Voller Erbarmen mit der Not der Armut stellten sich die Flurhüter, als ob sie das Heer von Kindern, das täglich in den Wald einfiel, um dürres Holz zu sammeln, nicht bemerkten.

Cañamels Stammgäste saßen auf niedrigen Schemeln um den Ofen herum, aus dessen Nähe sie sich nur entfernten, wenn die Gläser am Schanktisch neu gefüllt werden mußten.

Palmar schien erstarrt, in einen tiefen Schlaf gefallen zu sein. Keine Menschen auf der Straße, keine Barken auf dem See! Höchstens sah man am Vormittag vereinzelte Männer, deren vielfach mit Lappen umwickelte Füße zu unförmigen Kolossen geworden waren, die nächtlicherweile ins Netz gegangenen Fische sammeln. Den Boden der Boote bedeckte als Schutz gegen die Kälte noch eine dicke Lage Reisstroh.

Oft schwammen bei Tagesgrauen wie erblindete Spiegel breite Eisplatten im Kanal.

Alle fühlten sich von der grimmigen Kälte bezwungen. Sie waren Kinder der Wärme und gewöhnt, den See unter der glühenden Zärtlichkeit der Sonne sieden und die Felder ihren verderblichen Hauch verdampfen zu sehen. Nicht einmal die Aale wollten, wie Paloma erklärte, in solchem Hundewetter die Mäuler aus dem Schlamm herausstrecken. Und um die Lage noch zu verschlimmern, fielen häufig wahre Sturzregen, als deren Folge die Kanäle übertraten. Ein grauer Himmel hüllte die Albufera in eine Wolke von Traurigkeit, und die durch die Nebelschwaden ziehenden Barken mit ihren regungslosen, im Stroh vergrabenen Männern hätte man für Särge halten können.

Doch als das Fest des Jesuskindes bevorstand, lebte Palmar wieder auf. Wie alle Jahre mußte man sich belustigen, mochte der See auch gefrieren, bis man auf ihm gehen konnte, wie solches in anderen Ländern vorkommen sollte! Mehr noch als die Vergnügungssucht trieb sie der Wunsch, durch laute Freude ihre alten Rivalen, die Fischer von Catarroja, zu ärgern, die sich über die Winzigkeit des Jesuskindes von Palmar lustig machten. Verstiegen sich diese Feinde ohne Glauben und Gewissen doch sogar zu der Behauptung, daß die von Palmar ihren himmlischen Schutzpatron in den Kanal tunkten, wenn der Fischfang schlecht ausfiel!

Ganz Palmar traf seine Vorbereitungen. Die Frauen fuhren, die Kälte mißachtend, über den See zum Weihnachtsmarkt nach Valencia, bei ihrer Rückkehr schon am Kanal von einer Herde ungeduldiger Kinder in Empfang genommen, die nicht den Moment erwarten konnten, daß sie ihre Pferdchen aus Pappe, Blechsäbel, Trommeln und Trompeten in die Hand bekamen.

Die Festlichkeiten dauerten stets drei Tage, und Neleta gedachte sich in diesem Jahr mehr denn je zu amüsieren. Ihr Glück war vollkommen; hinter dem Schanktisch der Taverne vermeinte sie, in einem ewigen Frühling zu leben.

Wenn sie bei den Mahlzeiten auf der einen Seite Cañamel, auf der anderen den Kubaner neben sich sah, beide gleich ihr, ruhig und sorglos, so pries sie Gottes Güte, die den guten Menschen gewährt, glücklich zu sein. Was hätte sie sich noch wünschen können? Sie war die reichste und schmuckste Frau im Dorf, ihr Ehemann zufrieden und Tonet von Tag zu Tag verliebter. Und sie zweifelte, ob die großen Señoras, die sie in Valencia von weitem erblickt hatte, so glücklich waren wie sie selbst in diesem vom Wasser umgebenen Schlammwinkel.

Ihre Feindinnen gaben allerdings keine Ruhe; die Samaruca spionierte so gut, daß Neleta und Tonet Besorgungen in den Seedörfern vorschützen mußten, um sich ungestört sehen zu können. Neleta war es, die hierfür die raffiniertesten Vorwände erfand, so daß der Kubaner sich argwöhnisch fragte, ob sie nicht wirklich diese Listen bei früheren Liebschaften, von denen man im Dorf munkelte, gelernt haben möchte.

Neleta dagegen machte sich nichts aus allen Nachreden. «Tonet, dasselbe, was meine Feindinnen jetzt sagen, brachten sie auch vor, als wir beide nur gleichgültige Worte miteinander wechselten.»

Absolut sicher, daß niemand sie eines Fehltritts überführen konnte, scherzte sie in der Taverne vor aller Welt mit Tonet in einer Weise, die sogar beim Großvater Ärgernis erregte.

«Aber was denn? Sind wir nicht zusammen aufgewachsen?» fragte ihn die schöne Wirtin beleidigt. «Muß ich Tonet nicht gut sein wie einem Bruder, wenn ich an alles denke, was seine Mutter für mich getan hat?»

Cañamel gab ihr recht und lobte die Denkungsart seiner Frau. Worin der Wirt aber weniger mit ihr übereinstimmte, war die Meinung über Tonets Verhalten als Sozius. Der Junge tat, als hätte er einen großen Lotteriegewinn gemacht, amüsierte sich und ließ Fischerei Fischerei sein!

Gewiß, die Sequiota gab gute Erträge, wenngleich nicht mehr die fabelhaften Fänge früherer Zeiten. Immerhin kamen Nächte vor, in denen man hundert Arrobas Aale faßte. In dieser Hinsicht ging es nicht schlecht mit den Geschäften der Gesellschaft; aber Cañamel war für Gerechtigkeit: jeder sollte seine Pflicht erfüllen, ohne die anderen zu mißbrauchen.

«Ich versprach mein Geld und habe es gegeben. Netze, Reusen, Tauwerk sind angeschafft worden, ein Haufen, so hoch wie die Taverne. Und Tonet? Er versprach, bei der Arbeit zu helfen; doch kann man ohne Übertreibung behaupten, daß er bis heute noch nicht einen einzigen Aal mit eigenen Händen gefangen hat!»

Die ersten Nächte war Tonet zwar mitgefahren, hatte sich aber damit begnügt, die Zigarre im Mund zuzusehen, wie der Großvater und die angeheuerten Fischer Aale und Schleien aus den Reusen holten. Dann wurde ihm selbst das zuviel. Um ihn durch sein Beispiel anzufeuern, entschloß sich Cañamel unter Ächzen und Seufzen, die Mannschaft einige Male zu begleiten. Jedoch aus diesem Opfer leitete der Schlingel sofort einen triftigen Grund ab, in der Taverne zu bleiben, indem er ganz frech erklärte, daß Neleta sich allein ängstigen würde.

Für die gute Durchführung des Unternehmens hätte zweifellos der alte Paloma genügt, der noch niemals mit solcher Lust gearbeitet hatte wie jetzt als Herr der Sequiota. Aber – zum Teufel! – Vertrag ist Vertrag! Und Cañamel fand, daß der junge Mann ihm etwas stahl, wenn er sein Leben derart genoß und sich nicht im geringsten um das Geschäft kümmerte. Das Glück von diesem Faulpelz! Nur die Furcht, der Kubaner könnte das Abkommen kündigen, zügelte Onkel Pacos Entrüstung! Mittlerweile wurde Tonet fett, da er in der Taverne nur die Hand auszustrecken brauchte, um jeden Wunsch befriedigt zu sehen. Er aß das Beste, was im Haus war, füllte sein Glas aus allen Fässern, großen und kleinen, und manchmal, einem tollen Impuls gehorchend, der ihn trieb, sein Besitzrecht zu bekräftigen, wagte er sogar, Neleta unter dem Schanktisch zu streicheln. Und das in Gegenwart von Cañamel, vier

Schritte entfernt von den Gästen, von denen einige das Paar nicht aus den Augen ließen!

Bisweilen erfaßte ihn auch das Verlangen, mal wieder einen Tag außerhalb der Albufera, in Valencia oder den Dörfern der Küste zu verbringen.

«Gib mir einen Duro!» stellte er sich dann befehlshaberisch vor Neleta auf.

«Einen Duro? Für was?» Die grünen Augen der Wirtin musterten ihn herrisch; sie reckte sich mit dem ganzen Zorn der ehebrecherischen Frau, die selbst nicht betrogen sein will. Wenn sie indes im Blick des großen Burschen einzig und allein den Wunsch zu bummeln entdeckte, gab sie ihm so viel Geld, wie er verlangte.

«Komm bald zurück!»

Doch während sie ihm lächelnd nachsah, machte Cañamel seinem Ärger Luft: «Ich wollte schon alles hingehen lassen, würde er auch nur den kleinen Finger für unser Unternehmen rühren. Aber nein! Und nicht genug damit, daß er die halbe Taverne auffuttert, läßt er sich auch noch Geld von dir geben! Ruinieren wird uns deine Güte und deine Dankbarkeit gegen diese Palomas.»

Mit kleinlichem Geiz berechnete er, was Tonet bei ihm verzehrte, und lamentierte über die Verschwendungssucht, mit der dieser seine Freunde einlud, immer auf Kosten des Wirts. Sogar der verlauste Sangonera hockte wieder auf den Schemeln der Taverne, beschützt von dem Kubaner, der ihm die teuersten Schnäpse vorsetzte, um sich über die Ungereimtheiten des betrunkenen Ex-Sakristans zu amüsieren.

«Eines guten Tages wird er sich noch in meinem Bett einquartieren», beklagte sich der Dicke bei seiner Neleta. Und der Ärmste sah nicht das kleine diabolische Lächeln, nicht den maliziösen Blick, mit dem sie seine Äußerung aufnahm.

Wurde es Tonet mal müde, den ganzen Tag an Neletas Seite zu sitzen, so griff er zu Cañamels Flinte und rief dessen Hündin. Die Flinte Onkel Pacos war die beste in Palmar – eine Jagdflinte, wie sie nur reiche Leute besitzen – und die Centella wegen ihrer Nase am ganzen See berühmt. Kein Wild konnte ihr entkommen! Wie ein Otter tauchte sie und apportierte die verwundeten Vögel aus sicheren Schlupfwinkeln, wenn auch das Röhricht noch so eng stehen mochte!

Für nichts auf der Welt wäre sie Cañamel feil gewesen; doch traurig mußte er wahrnehmen, daß seine Hündin Tonet, der mit ihr auf Jagd ging, mehr liebte als ihren in Schals und Wolldecken eingepackten Herrn am Feuer.

Allmählich verbrauchte der Kubaner den ganzen Patronenvorrat, der eigentlich an die städtischen Jäger verkauft werden sollte. Niemand schoß so viel wie er. In den engen Wasserarmen, die sich durch die Röhrichtdickichte beim Dorf schlängelten, knallte es beständig, und überall plätscherte Centella, begeistert von ihrer Arbeit.

Mit Siegermiene ließ Tonet bei der Rückkehr das in einen Regenbogen von Federn gehüllte Wildbret auf den Boden fallen. «Onkel Paco, hier hast du was für deine Pfanne!» meinte er großmütig; denn schließlich gehörte die Flinte dem Wirt.

Als es ihm zweimal gelang, einen Flamingo zu schießen, diesen rot und weiß gefiederten Vogel mit den Stelzbeinen, dem langen Hals und einer gewissen Pose, durch die er dem Ibis Ägyptens ähnelt, bestand er darauf, daß Cañamel die Vögel in Valencia als Schmuck für sein Schlafzimmer ausstopfen ließ.

«Ein luxuriöser Schmuck, Onkel Paco! Für nichts und wieder nichts sind die Herren in der Stadt nicht so hinter ihm her!»

Der Schankwirt quittierte diese Geschenke mit einem Brummen, das keine ungetrübte Freude verriet.

«Wann läßt du endlich mal meine Flinte in Ruhe? Eiskalt muß es doch im Röhricht sein! Wenn du nichts davon spürst, warum hilfst du nachts nicht dem Großvater?»

Tonet lächelte herablassend.

«Neleta, ein Glas! Ist das nicht genug Arbeit, euch diesen Haufen Fleisch zu bringen?»

Und in einem Anfall fröhlicher Schamlosigkeit tätschelte er über den Schanktisch hinweg Neletas runde Backen.

Toni wußte weder von dem Treiben seines Sohnes, noch wollte er etwas davon wissen. In aller Frühe fuhr er fort, verzehrte sein Mittagessen, ein paar Sardinen und Maisbrot, mit Borda auf der Lagune, und kehrte er nachts heim, um die schmerzenden Glieder auf seinem elenden Lager auszustrecken, so verfolgte ihn bis in den Schlaf die Rechnung, wie viele Kähne voll Erde noch fehlen mochten, wieviel seine Gläubiger noch bekommen mußten, damit er Herr einiger Reisfelder würde, die er Scholle für Scholle mit seinem Schweiß geschaffen hatte. Seinen Vater, der die meisten Nächte in der Sequiota fischte, bekam er selten zu Gesicht, und Tonet klopfte erst spät, nach Schluß der Taverne, ungeduldig an die Tür, die Borda, erschöpft und schlaftrunken, ihrem Bruder öffnete.

So verfloß die Zeit bis zu Palmars großen Feierlichkeiten.

Am Tag vor dem Fest zu Ehren des Jesuskindes drängte sich nachmittags das ganze Dorf zwischen dem Kanal und der Hintertür von Cañamels Taverne. Man erwartete die Musikkapelle von Catarroja, den größten Reiz der Festtage; und diese Dörfler, die außer der Gitarre des Barbiers und Tonets Ziehharmonika das ganze Jahr hindurch keine Instrumente hörten, bebten vor Vergnügen beim Gedanken an das Schmettern der Trompeten und an das Dröhnen der großen Trommel. Niemand litt mehr unter den Unbilden der Witterung. Um mit ihren neuen Kleidern zu prunken, hatten die Frauen auf die wollenen Mantones verzichtet und zeigten in den kurzen Ärmeln vor Kälte blau angelaufene Arme. Die Männer trugen neue Gürtel nebst roten oder schwarzen Mützen, die noch die Knicke und Falten des Ladens bewahrten. Sich das Schwatzen ihrer Frauen zunutze machend, schlüpften sie gewandt in die Taverne, wo Alkoholdunst und Tabakqualm einen dicken Schwaden bildeten, der nach grober Wolle und schmutzigen Hanfsandalen roch.

Ein jeder lobte die Kapelle von Catarroja. «Die Fischer dort sind schlechte Kerle, aber ihre Musik muß man anerkennen. Nicht der König hört Besseres! Etwas Gutes gibt es doch noch für das arme Volk am See!» Und als draußen laute Rufe ankündeten, daß die Musikanten in Sicht waren, stürzte alles Hals über Kopf fort. Die Taverne blieb leer.

Über dem Röhricht erschien der obere Teil eines großen Segels, etwas später an der Krümmung des Kanals die ganze Barke, was die Menge veranlaßte, angesichts der roten Hosen und weißen Federbüsche in ein stürmisches Geschrei auszubrechen. Getreu der Tradition pflegten die jungen Burschen miteinander um die große Trommel zu ringen. Ohne Zögern sprangen sie in diesen Kanal von flüssigem Eis, das ihnen bis zur Brust reichte; ein Anblick, der die Zähne der Zuschauer klappern ließ.

«Oh, diese Bande!» zeterten die alten Frauen. «Eine Lungenentzündung werdet ihr euch holen!»

Doch die Burschen wateten unentwegt bis zur Barke. Unter dem Lachen der Musikanten klammerten sie sich an den Rand und stießen einer den anderen aus der Nähe der Trommel, bis der Keckste mit solchem Ungestüm an ihr zerrte, daß sie fast im Wasser versank. Von seinen Kameraden beneidet, trug er das riesige Instrument auf der Schulter zum Ufer.

Vor Cañamels Haus formierte sich die Kapelle. Sie stimmte ein Weilchen und setzte sich dann in Bewegung, während ihr die Menge in dichten Scharen folgte, voller Andacht ob dieser Begebenheit, auf die man ein Jahr gewartet hatte.

Bei dem ersten schmetternden Ton zuckten alle zusammen. Ihr an das Schweigen des Sees gewöhntes Ohr empfand schmerzhaft das Brüllen dieser Instrumente, von dem die Lehmwände der Hütten erzitterten. Aber nach der ersten Überraschung lächelten Palmars Bewohner, geliebkost von einer Melodie, die zu ihnen kam wie die Stimme einer fernen Welt, wie das majestätische Echo eines geheimnisvollen, sich jenseits der Albufera abrollenden Schauspiels.

Die Frauen wurden weich und hatten Lust zu weinen. Die Männer marschierten, ihre krummen Schultern reckend, mit kriegerischem Schritt, und junge Mädchen grüßten errötend ihre Verehrer mit einem verstohlenen Lächeln.

Gleich einer Böe neuen Lebens brach die Musik über diese aus ihrer Lethargie erwachte Bevölkerung herein. Alle schrien, ohne zu wissen warum, und ließen das Jesuskind hochleben. Selbst die Alten zeigten sich flink und lustig wie die Kleinen, die mit Säbeln und Papp-Pferdchen die Eskorte des Kapellmeisters bildeten, dessen goldene Tressen ihnen den Atem nahmen.

Immer wieder marschierte die Kapelle durch die einzige Straße Palmars, wand sich, um ihr Publikum zufriedenzustellen, zwischen den einzelstehenden Hütten durch, kam am Kanalufer heraus und nahm von neuem den Weg zur Dorfstraße, stets von der Einwohnerschaft gefolgt, die die schönsten Stellen des Marsches laut mitträllerte.

Einmal mußte jedoch auch dieses musikalische Delirium ein Ende nehmen. Als die Musikanten schließlich auf der Plaza anhielten, dünkte es den Alkalden an der Zeit, sich mit ihrer Unterkunft zu befassen. Die Frauen machten sich die einzelnen je nach der Bedeutung ihrer Instrumente streitig, und der Mann mit der Riesentrommel bekam ein Quartier in der komfortabelsten Hütte. Doch genug jetzt mit dem Paradieren in den bunten Uniformen! Eiligst wickelten sich die Musikanten, auf die feuchte Kälte Palmars fluchend, in dicke wollene Decken.

Mit dem Verschwinden der Kapelle lichtete sich jedoch keineswegs die Volksmenge auf der Plaza. In einer Ecke ertönte der Wirbel eines Taburins, und ein wenig später präludierte eine Hirtenflöte mit einer langen Serie von phantastischen Tonleitern, wahren musikalischen Kapriolen. Alles applaudierte. Es war Dimoni, der berühmte Flötenspieler, der alle Weihnachten Palmar besuchte. Ein gar lustiger Bruder, durch seinen Durst nicht weniger bekannt als durch sein Talent.

Tamburin und Flöte riefen zur Verlosung des dicksten Aals vom ganzen Jahr, eine uralte Gewohnheit, die jeder Fischer respektierte. Wer einen besonders großen Aal gefangen hatte, hob ihn in seinem Fischkasten auf, ohne auch nur einen Moment an Verkauf zu denken. Fing irgend jemand einen noch größeren, so bewahrte er diesen, wodurch der erste Fischer das Verfügungsrecht über den seinigen zurückerhielt. Auf diese Art war die Festkommission sicher, in jedem Jahr den stärksten Aal der Albufera zur Verlosung stellen zu können, deren Einnahmen zur Unkostendeckung mitverwandt wurden.

Diesmal gehörte die Ehre, den größten Aal gefangen zu haben, dem alten Paloma. Ja, wenn man in der Sequiota fischte!

«Ich war es, der ihn fing!» Und auf seinen dürren Armen hielt der Greis einen Riesenaal mit grünem Rücken und weißem Bauch hoch, dick wie die Wade eines Mannes.

Das appetitliche Tier hatte zum Spiel der Hirtenflöte die Runde durch das Dorf zu machen, während die würdigsten Mitglieder der Fischereigenossenschaft, von Tür zu Tür gehend, die Lose verkauften.

«Nimm! Arbeite ein einziges Mal in deinem Leben!» Damit legte Paloma den Aal auf Sangoneras Arme.

Der Vagabund, stolz auf das ihm erwiesene Vertrauen, eröffnete den Zug, hinter sich Tamburin und Flöte. Und um dieses Trio tummelte sich begeistert die ganze Kinderwelt des Dorfes. Die Frauen drängten sich heran und versuchten, den Aal mit einer Art religiöser Scheu zu berühren, als wäre er eine Gottheit des Sees. Doch Sangonera wehrte ihnen:

«Zurück! Zurück! Mit all dem Betasten muß er ja verfaulen!»

Als er schließlich vor Cañamels Haus anlangte, glaubte er, die öffentliche Bewunderung genügend genossen zu haben. Ihn schmerzten die von Müßiggang schwächlichen Arme; auch fiel ihm ein, daß er selbst von diesem Aal nichts haben würde. So bettete er ihn in die Arme des größten Buben, der nur zu gern den Triumphzug fortsetzte, und betrat die Taverne.

Nur wenige Gäste waren anwesend. Hinter dem Schanktisch stand Neleta im Gespräch mit ihrem Mann und dem Kubaner, das sich um die Feierlichkeiten des nächsten Tages drehte. Die Inhaber der besten Fischereiplätze bildeten nach altem Herkommen die Festkommission, in der Tonet und sein Sozius natürlich die erste Stelle einnahmen. Beide hatten sich schwarze Anzüge in Valencia machen lassen, um der feierlichen Messe – und zwar auf der vordersten Bank – beizuwohnen, und jetzt besprachen sie noch einmal die letzten Vorbereitungen. Die größte Barke hatte man zum Strand der Dehesa gesandt, von wo sie Myrtenzweige und Grün zum Ausschmücken der Plaza holen sollte, und in einer Ecke der Taverne lagerte eine Reihe großer Binsenkörbe mit Masclets*, eisernen Petarden**, die mit einem Höllenlärm explodieren.

Am nächsten Morgen rollte dumpfer Kanonendonner über den See, als würde in Palmar eine Schlacht geliefert. Die Masclets taten ihre Schuldigkeit. Gleich darauf strömte alt und jung, die Brotstullen noch in der Hand, zum Kanal, um die Postbarke zu empfangen.

Als erster entstieg ihr mit majestätischer Miene ein korpulenter, behäbiger Geistlicher, ein berühmter Kanzelredner aus Valencia, den die Festkommission ausersehen hatte, die Predigt zu Ehren des Jesuskindes zu halten und nebenbei auch die Tugenden der Fischer vom See zu er-

* Verkleinerungsform (katalan.) von ‹macho› (kastil): Männlein.
** Mit Pulver gefülltes Metallgefäß zum Sprengen von Mauern.

wähnen. An seinem Arm hing ein Beutel aus rotem Damast, der seinen Ornat barg, und Sangonera, im Diensteifer des einstigen Sakristans, beeilte sich, ihn auf seinen Buckel zu schwingen. Dann sprangen die Chorsänger an Land, Schlemmergesichter mit gekräuselten Haaren; nach ihnen die Orchestermitglieder, die ihre in grünen Futteralen steckenden Violinen und Flöten unter den Arm geklemmt hielten, und endlich die Soprane, junge Knaben mit bläulichen Ringen um die Augen, in deren Zügen sich eine frühreife Perversität offenbarte. Alle sprachen vom *all y pebre* *, als hätten sie die Reise nur zu dem Zweck gemacht, Palmars berühmte Schüssel mit der pikanten Knoblauchsoße zu essen.

Sie schlugen den Weg zum Dorf ein, ohne daß einer der Einheimischen sich ihretwegen vom Ufer wegrührte; denn jeder wollte die neben dem Mast liegenden sonderbaren Instrumente in Augenschein nehmen, mit denen sich ein paar kräftige Burschen jetzt beluden. Die Kesselpauken erregten viel Aufsehen, und das junge Volk diskutierte eifrig über den Gebrauch dieser «Pfannen», die so sehr an die Bratpfannen zu Hause erinnerten. Die Kontrabässe jedoch wurden durch eine Ovation begrüßt, und bis zur Kirche folgten Neugierige den Trägern der «dicken Gitarren».

Um zehn Uhr begann die Messe. Plaza wie Kirche dufteten nach Myrten; der Boden war unter einem dichten Teppich von Grün verschwunden. Im Gotteshaus brannten Kerzen über Kerzen, und von der Tür sah es aus, als flimmerten zahllose Sterne an einem dunklen Himmel.

Tonet – wahrlich, der verstand so etwas zu arrangieren! – hatte sich sogar um die Auswahl der Gesänge gekümmert.

* Knoblauch und Pfeffer.

Nur nichts von diesen berühmten Messen, bei denen die Leute einschliefen! Die mochten die Städter sich anhören. Palmar liebte die Mercadante-Messe!

Und während die Tenöre die Herzen der Frauen rührten mit neapolitanischen Barkarolen zu Ehren des Jesuskindes, bewegten die Fischer den Kopf im Takt zu Orchesterweisen, weich und sinnlich wie Walzermelodien.

«So etwas erfreut das Herz», meinte Neleta später, «ist mehr wert als eine Theatervorstellung und kommt obendrein noch der Seele zustatten!»

Draußen aber, auf der Plaza, donnerte es hier und donnerte es da! Lange Reihen von Masclets explodierten und erschütterten die Wände der Kirche, für Sekunden Gesang und die Worte des Predigers unterbrechend.

Nach Beendigung des Gottesdienstes promenierte man auf dem Kirchplatz, wo die durch die Pracht der Messe ein wenig ins Hintertreffen geratene Kapelle von Catarroja bis zum Mittag aufspielte. Und glücklich, Myrtenduft und Pulverdampf einzuatmen, dachte jeder an den Kochtopf zu Hause, der mit dem besten Federwild der Albufera gefüllt war.

Das Elend ihres bisherigen Lebens schien ihnen einer fernen Welt anzugehören, in die sie niemals zurückkehren sollten, und fast dünkte es sie, als sei für immer eine Ära von Glückseligkeit und Überfluß angebrochen.

Sie wurden nicht müde, über die erhabenen Worte des berühmten Kanzelredners zu Ehren der Fischer zu plappern, über die halbe Unze Gold, die er für seine Predigt, und über den Haufen Geld, den das Orchester einheimsen würde, über das Pulver, über die goldbefransten Vorhänge am Kirchenportal und schließlich auch über diese Kapelle, die sie mit ihrem kriegerischen Lärm betäubte.

Jeder gratulierte dem Kubaner – ganz steif in seinem schwarzen Anzug – sowie dem alten Paloma, der sich heute als Herr von Palmar fühlte. Neleta, die Augen von einer kostbaren Mantilla beschattet, spreizte sich inmitten der Weiblichkeit und ließ vor den bewundernden Blicken den Rosenkranz von Perlmutt und das mit Elfenbein ausgelegte Gebetbuch ihres Hochzeitstages leuchten. Um Cañamel kümmerte sich hingegen niemand trotz seiner wichtigen Miene und der dicken goldenen Uhrkette, die in seinen Schmerbauch einschnitt. Nicht einer dachte daran, daß es sein Geld war, mit dem ein großer Teil der Festunkosten bestritten wurde – Palmar zollte nur den Mitgliedern der Fischereigenossenschaft Hochachtung! Und der Schankwirt fühlte in seinem Innern den Haß gegen den Kubaner wachsen, der ihm allmählich alles nahm.

Seine üble Laune hielt den ganzen Tag an, so daß Neleta, seinen Seelenzustand ahnend, sich Mühe gab, doppelt liebenswürdig zu sein bei dem großen Essen, das zu Ehren des Predigers und der Orchestermitglieder im oberen Stockwerk der Taverne gegeben wurde. Sie sprach von der Krankheit ihres armen Pacos, die den Guten oft nörgelig machte, und bat, ihm sein mürrisches Wesen zu verzeihen.

Als am Spätnachmittag die Postbarke die fremden Gäste wieder abholte und Cañamel sich mit seiner Frau allein sah, kam sein aufgespeicherter Grimm zur Entladung.

«Nein, ich ertrage den Kubaner nicht länger! Mit dem Alten verstehe ich mich gut, weil er ein Mann der Arbeit ist und unsere Vereinbarungen einhält. Aber dieser Bengel? Immer ein Herrenleben auf meine Kosten! Wer erntete bei diesem Fest den ganzen Dank? Er! Als ob ich, der ich so viel Geld hergab, überhaupt nicht existierte! Hinausschmeißen werde ich den Faulpelz, und wenn die ganze Geschäftsverbindung darüber zum Teufel gehen sollte!»

Neleta, über diese Drohung bestürzt, redete ihm gütlich zu.

«Vergiß nicht, daß du es warst, der ihn gesucht hat, und daß sie für mich gesorgt haben, als es mir schlechtging.»

Aber Cañamel beharrte starrköpfig bei seiner Meinung, und die Diskussion zwischen den Ehegatten wurde so heftig, daß Neleta weinte und dem Ball fernblieb, der abends auf der Plaza stattfand.

Riesenwachskerzen, wie sie in der Kirche bei Begräbnissen verwendet werden, erleuchteten den Platz, in dessen Mitte Dimoni auf seiner Hirtenflöte die alten valencianischen Kontertänze spielte. Zu den Weisen der *Cháquera vella** bewegten sich die jungen Mädchen Palmars mit einem Zeremoniell, als wenn sich Damen in Puderperücke als Fischerinnen verkleidet hätten, um bei Fackellicht eine Pavana** zu tanzen. Nach den Kontertänzen kam der *u y el dos,* ein sehr animierter, von mitgesungenen Couplets begleiteter Tanz, bei dem die Mädchen sich gleich Kreiseln um sich selber drehten. Sah man dann zuweilen ein Paar Beine unter dem bauschigen Rad der Röcke, so entfesselte dies einen Sturm von Gelächter und neckischen Zurufen.

Gegen Mitternacht unterbrach die Kälte das Fest. Die Familien suchten ihre Hütten auf, aber die jungen Burschen, die während der drei Festtage nicht nüchtern wurden, trafen sich von neuem auf der Plaza, diesmal mit

* vella (katalan.): alt.
** Pfauentanz; altspanischer, feierlicher Tanz.

einer Flinte oder einem alten Karabiner auf der Schulter, gerade als könnte man sich in einem Dörflein, wo jeder den anderen kannte, nicht ohne Waffe amüsieren.

Und nun wurden die Serenaden organisiert.

Die Sitte verlangte, daß man die ganze Nacht von Tür zu Tür ging, um zu Ehren aller Frauen von Palmar, ob jung, ob alt, zu singen, eine schwere Aufgabe, deren Bewältigung ihnen ein praller Weinschlauch und reichliche Flaschen Schnaps erleichterten. Einige jüngere Musikanten erklärten sich gutmütig bereit, Dimonis Hirtenflöte mit ihren Blechinstrumenten zu begleiten, und beim Flackern einer vom Ball übriggebliebenen dicken Kerze nahm der Zug seinen Weg in die dunkle, eisige Nacht.

Die ganze Jugend von Palmar marschierte dichtgedrängt hinter dem Flötenspieler und den Bläsern, die aus Scheu vor dem kalten Metall ihrer Trompeten die Hände in die Enden ihrer Umhänge hüllten. Sangonera schloß den Marsch. Ihm hatte man den Weinschlauch anvertraut, und sehr oft ließ er halten und füllte die Becher, damit man sich «erfrischte».

Irgend jemand aus der Schar sang, vom Tamburin begleitet, zwei Stegreifverse, worauf ein anderer den Vierzeiler zu Ende führte. Meist waren die beiden letzten Verse die boshaftesten, und während Flöte und Trompeten das Ende des Couplets mit einem rauschenden Tusch begrüßten, brüllten die jungen Leute wie besessen und schossen eine Salve ab.

Nicht einmal der Teufel hätte in jener Nacht in Palmar schlafen können! Von ihrem Bett aus folgten die Frauen im Geist dem Zug, fuhren jedesmal zusammen, wenn die Schüsse krachten, und errieten aus den bissigen Anspielungen, vor welcher Tür die Serenadensänger standen.

Nach drei Stunden waren alle betrunken. Dimoni sah mit seinem schweren Kopf und geschlossenen Augen aus, als nieste er in seine Flöte, der nur noch ein unsicheres Wimmern entquoll, zitternd wie die Beine des Spielers; Sangonera improvisierte zusammenhanglose Couplets gegen die «Reichen» im Dorf.

Der Weinschlauch war fast leer, doch rechneten alle mit einer Notlandung bei Cañamel, wo sie sich von neuem zu verproviantieren gedachten.

Nahe bei der Taverne trafen sie Tonet, bis an die Augen in eine Manta* gehüllt, unter der die Mündung seines Karabiners hervorschaute. Der Kubaner, der sich sehr wohl erinnerte, was er selbst früher in solchen Nächten getrieben hatte, fürchtete die losen Zungen dieser Sippschaft und glaubte, sie durch gütliches Zureden zur Mäßigung veranlassen zu können.

Vor Cañamels Taverne schien die ebenso müde wie betrunkene Bande zu neuem Leben zu erwachen, als dränge durch die Türritzen das Aroma der Weinfässer bis zu ihr hin.

Einer der Burschen stimmte ein Lied an, das den Wirt höchst respektvoll Señor Don Paco titulierte und ihn, «die Blüte der Freunde», der Ergebenheit aller versicherte, wenn er den Weinschlauch füllen würde. Doch das dunkle Haus blieb schweigsam; kein Fenster klirrte, nicht das geringste Geräusch ließ sich drinnen hören.

Im zweiten Liedchen redete man den armen Cañamel schon mit du an, und die Stimme der Sänger zitterte in einer zornigen Gereiztheit, die eine Flut von Frechheiten verhieß.

* Decke.

Tonet wurde unruhig.

«Seid keine Schweine!» ermahnte er in väterlichem Ton.

Doch man befand sich gerade in der Stimmung, auf Ratschläge zu hören!

Das dritte Couplet, Neleta gewidmet, bedauerte, daß die «anziehendste Frau von Palmar» mit dem Filz von Cañamel verheiratet war, «der zu nichts taugte». Und nun wurde die Serenade zu einem giftigen Erguß skandalöser Anspielungen. Man amüsierte sich köstlich, denn diese Couplets entsprachen so recht der Neigung der Dörfler, auf Kosten fremden Unglücks zu lachen. Wurde einem Fischer eine Reuse gestohlen, die einen Wert von wenigen Reales besaß, so ergriff sie einmütig ein ungeheurer Zorn; nahm man aber jemandem die Frau, so wußten sie sich vor Heiterkeit nicht zu lassen. Tonet zitterte vor Angst und Wut. In gewissen Momenten hätte er fortlaufen mögen, weil er ahnte, daß seine lieben Freunde zu weit gehen würden. Doch neben dem Stolz hielt ihn die eitle Hoffnung zurück, daß seine Gegenwart sie etwas zügeln könnte.

«He, seht euch vor, was ihr sagt!» drohte er jetzt offen.

Aber die Sänger lachten ihn aus. Während Tonet auf Kuba weilte, waren aus ihnen handfeste, rauflustige Burschen geworden, die sich für die Elite von Palmar hielten. Und um ihm zu zeigen, wie wenig sie seine Drohung erschreckte, improvisierten sie neue Verse, die wie Geschosse gegen die Taverne prasselten.

Ein Neffe der Samaruca brachte Tonets Wut zur Explosion. Er sang:

«Seht die besten Partner auf der Welt:
Cañamel und den Kubano!
Alles teilen sie, die Fische und das Geld,
Und Neletas Bett. Lebt weiter so!»

Mit einem Satz stand Tonet vor dem Sänger und stieß ihm den Kolben seines Karabiners ins Gesicht. Der andere taumelte zurück; bevor er jedoch seine Flinte hochbringen konnte, schoß Tonet blindlings los.

Tumult! Die Kugel verlor sich irgendwo in die Nacht, aber Sangonera glaubte sie an seiner Nase vorbeipfeifen zu hören.

«Ich bin getroffen! Mörder! Mörder!» heulte er und warf sich zu Boden.

Fenster wurden hastig geöffnet, weiße Gestalten neigten sich über die Brüstungen.

Der Kubaner, im Handumdrehen entwaffnet und an die Mauer gedrängt, mühte sich verzweifelt, sein Messer frei zu bekommen.

«Laßt mich los!» schäumte er. «Diesen Lump mache ich kalt!»

Jetzt nahten im Laufschritt der Alkalde und seine Ronde, die in Erwartung eines Skandals den Serenadensängern von weitem gefolgt waren. Der Zollwächterkorporal, den Mauser schußbereit erhoben, brachte Tonet fort zu seiner Hütte, während Samarucas Neffe im nächsten Haus verbunden wurde.

Sangonera machte mehr zu schaffen. Sich am Boden wälzend, jammerte er, daß er im Sterben läge. Man flößte ihm zur Stärkung den ganzen Weinrest aus dem Schlauch ein. Und da diese Medizin sehr nach seinem Geschmack war, schwor er, nicht aufstehen zu können, weil die Kugel ihn durchbohrt habe, bis der energische Padre Miguel, der das Schelmenstück durchschaute, dem Vagabunden mit zwei heilsamen Fußtritten verblüffend schnell auf die Beine brachte.

Der Alkalde befahl den Burschen, ihren Rundgang fortzusetzen. Cañamel war genügend mit Serenaden bedacht worden. Mißmutig entfernte sich der Zug; auch Dimonis Flöte trillerte vergebens. Wie konnte man singen mit den ausgedörrten Kehlen, für die es keinen Wein mehr im Schlauch gab?

Die Fenster schlossen sich; die Straße wurde still. Aber die letzten Neugierigen meinten, im oberen Stockwerk der Taverne das Jammern einer Frau zu hören, immer wieder unterbrochen von den Zornausbrüchen einer tobenden Stimme.

Am folgenden Tag beschäftigte der Zusammenstoß bei Cañamel alle Gemüter.

Tonet wagte sich nicht in die Taverne hinein. Am Vormittag drückte er sich auf der Plaza herum, von wo er sah, wie die Leute haufenweise zur Kneipe zogen. Es war der letzte Festtag; nachmittags schiffte sich die Kapelle wieder ein, und für ein Jahr versank Palmar von neuem in klösterliche Stille.

Mittags aß Tonet mit seinem Vater, der die Festtage dazu benutzt hatte, die Hütte auszubessern, und aus dessen Miene, ernst wie immer, er entnahm, daß von den Vorkommnissen der Nacht noch nichts zu ihm gedrungen war. Borda hingegen mußte schon etwas gehört haben, denn als sie mit ihrem Bruder einen Augenblick allein blieb, stöhnte sie:

«Allmächtiger! Wenn der Vater es erfährt, wird er vor Kummer außer sich sein!»

Der Großvater war nicht zu Tisch gekommen, wahrscheinlich hatte ihn Cañamel eingeladen. Erst nachmittags begegnete Tonet dem Alten. Kurz angebunden sagte er zu seinem Enkel:

«Geh zur Taverne. Paco will dich sprechen.»

Eine Weile sah Tonet, der einer Auseinandersetzung mit Cañamel nur zu gern aus dem Weg gegangen wäre, noch zu, wie sich die Kapelle ordnete, um zum letztenmal zu spielen, und zwar den von Palmar so benannten «Aalmarsch».

Die Musikanten würden sich in ihren Rechten sehr beeinträchtigt gefühlt haben, wenn man sie ohne Fische hätte nach Hause zurückkehren lassen. So durchzogen sie in jedem Jahr kurz vor der Abfahrt das Dorf, vor sich einige Kinder mit Körben, in die jede Frau etwas hingab: Aale oder Schleien. Für den Kapellmeister wurde ein besonders fetter Barsch vom Festausschuß reserviert.

Erst als die Kapelle den Abschiedsmarsch anstimmte, entschloß sich Tonet, in die Taverne einzutreten.

«Guten Abend, *Caballeros*!» rief er, um sich Mut einzuflößen, mit lauter, fröhlicher Stimme.

Neleta, tiefe Ringe unter den Augen und die Lider vom Weinen gerötet, warf ihm einen unergründlichen Blick zu, während Cañamel sofort aufstand und hoheitsvoll ins Innere des Hauses wies.

«Geh durch! Wir haben miteinander zu reden!»

In dem kleinen Fremdenzimmer neben der Küche machte der Wirt halt. Sein Gesicht war fahl, und die kurze runde Nase zitterte nervös. Ohne dem Kubaner einen Platz anzubieten, begann er:

«Zwischen uns ist alles zu Ende: Geschäft und Freundschaft!»

Tonet wollte Einspruch erheben, doch der dicke Schankwirt, der wirklich einmal, vielleicht zum letztenmal in seinem Leben, Energie zeigte, schnitt ihm das Wort ab.

«Reden sind nutzlos; ich mache Schluß. Sogar dein Großvater gibt mir recht! Meinen Teil vom Vertrag habe ich erfüllt; aber du lagst von Anfang an auf der faulen Haut. Und nicht allein das! In mein Haus hast du dich eingenistet, als wäre es dein Eigentum, ißt und trinkst das Beste, verfügst über die Kasse und erlaubst dir Freiheiten, an die ich mich nicht erinnern will! Meinen Hund hast du dir angeeignet, meine Flinte und, wie die Leute jetzt behaupten, auch meine Frau!»

«Die lügen!» beteuerte Tonet. «Die lügen!»

Cañamel streifte ihn mit einem Blick, der ihn auf der Hut sein ließ.

«Natürlich lügen sie! Zu eurem Glück! Denn wenn ich auch nur im entferntesten argwöhnte, daß an der Schweinerei, die diese Kanaillen nachts vor meinem Fenster sangen, etwas Wahres sein könnte, so würde ich ihr den Hals umdrehen und dir eine Kugel zwischen die Augenbrauen jagen. Ah, du kennst mich noch nicht! Ich bin ein gutmütiger Mensch; aber wenn man antastet, was mir gehört, so nehme ich es trotz meiner Krankheit noch mit jedem auf.»

Der vor Wut am ganzen Leib bebende Schankwirt stapfte im Zimmer auf und ab wie ein altes, krankes Pferd, aber ein Pferd von guter Rasse, das sich bis zum letzten Moment zu bäumen weiß, und Tonets Augen folgten nicht ohne Respekt dem ehemaligen Abenteurer, der in all seiner Indolenz, verweichlicht und schmerbäuchig, wie er war, seine Energie aus den Zeiten skrupellosen Kampfes wiederfand.

In das Schweigen des Zimmers hallte das Echo der Trompeten, die näher und näher schmetterten.

«Gewiß», fuhr Cañamel fort, «ist alles erlogen. Aber ich will den Leuten nicht zum Gespött dienen. Auch diese Vertraulichkeiten mit Neleta, die du dir so als Pseudobruder erlaubst, passen mir nicht. Von heute ab habe ich mit dir nichts mehr zu schaffen. Dein Großvater ist einverstanden, daß wir beide allein die Fischerei in der Sequiota betreiben. Er wird dir auch deinen Anteil auszahlen. Wenn du nicht einwilligst, sage es, denn schließlich bist du es, der über die Sequiota zu verfügen hat. Doch dann will ich natürlich mein Geld und meine Netze zurückhaben, und wir werden sehen, wie du allein fertig wirst!»

Tonet getraute sich nicht, irgendwelchen Widerspruch gegen dieses neue Arrangement zu erheben.

«Wenn der Großvater das gutheißt, so bin ich einverstanden!»

Die Kapelle machte vor dem Haus halt, und die Musik dröhnte so laut, daß Cañamel seine Stimme erheben mußte, um sich dem Kubaner verständlich zu machen.

«Mit dem Geschäft sind wir also im reinen. Jetzt noch zwei Worte Mann zu Mann! Einen Gast, der mir lästig fällt, setze ich vor die Tür. Und dir verbiete ich, dich noch einmal in der Taverne blicken zu lassen. Verstehst du wohl? Es ist aus mit der Freundschaft! Die Tür von diesem Haus wird in Zukunft für dich eine Schranke sein, so hoch – so hoch wie der Turm Miguelete in Valencia.»

Und während draußen Posaunen und Trompeten lärmten, reckte Cañamel seine beinahe kugelrunde Figur auf die Fußspitzen und hob den Arm, um die ungeheure, die unermeßbare Höhe der Schranke auszudrücken, die den Kubaner fortab von ihm und seiner Frau trennen sollte.

Als Tonet zwei Tage verbracht hatte, ohne die Taverne zu besuchen, wurde es ihm bewußt, wie sehr er Neleta liebte.

Vielleicht trug zu seiner Verzweiflung auch der Verlust des sorglosen Wohllebens bei, dieses Überflusses, in den er wie in eine Woge von Glück untergetaucht war. Doch vor allem vermißte er den Reiz der heimlichen Liebschaft, die perverse Lust, seine Geliebte in Gegenwart ihres Gatten und der Gäste zu liebkosen, auf die Gefahr hin, dabei ertappt zu werden.

Aus Cañamels Haus verjagt, wußte er nicht, wohin er gehen sollte. Wohl versuchte er, in den anderen Kneipen von Palmar heimisch zu werden, erbärmlichen Hütten mit weiter nichts als einem armseligen Fäßchen, wo nur Leute verkehrten, die wegen zu großer Rückstände Cañamels Taverne meiden mußten. Aber sehr rasch flüsterte er von diesen Stätten wie ein Nabob, der sich durch Zufall in eine Kaschemme verirrt hat.

So strich er zwecklos in der Umgebung des Dorfes herum, ging nach Saler, Perello, dem Hafen von Catarroja – irgendwohin, um die Zeit totzuschlagen. Ja, dieser Faulpelz stakte stundenlang über den See ohne ein anderes Vorhaben, als mit einem Bekannten eine Zigarre zu rauchen.

Die Langeweile brachte ihn so weit, daß er sein Leben änderte.

War es nicht besser, dem Vater zu helfen, statt wie ein wildes Tier im Käfig ruhelos von einem Ende der Albufera zum anderen zu schweifen? Und vom nächsten Tag ab machte er sich mit dem vorübergehenden Schwung der Trägen daran, Schlamm aus den Kanälen herauszuholen.

Toni wußte seinem Sohn Dank für diese Besserung. Sein Blick wurde heller, und er fand ein paar freundliche Worte.

«Alles ist so gekommen, wie ich es dir voraussagte. Du hast dich nicht wie ein Paloma benommen, und es war sehr bitter für mich, hören zu müssen, daß du auf Kosten des Schankwirts lebtest und obendrein noch seine Frau verführtest.»

Wieder legte Tonet Verwahrung ein: «Das letzte ist eine Verleumdung!»

«Um so besser! Ich freue mich jedenfalls, daß die Sache hinter dir liegt. Jetzt heißt es: arbeiten und ehrenhaft sein! Wenn meine Lagune sich in Felder verwandelt und man sieht, daß die Palomas Säcke und Säcke Reis ernten, kannst du dir unter allen Mädchen am See eine Frau aussuchen, denn einem Reichen sagt man nicht nein!»

Angefeuert durch diese Worte, warf sich Tonet mit wahrer Wut auf die Arbeit, so daß die arme Borda es bei ihm schwerer hatte als bei seinem Vater. Das Mädchen keuchte unter der Last der gewichtigen Körbe, krümmte sich bei der sauren Arbeit, ihren vollbeladenen Kahn über den See zu staken – für Tonet schaffte sie nie genug! Trotzdem zeigte sie frohe Augen, und wenn sie abends mit lahmen Gliedern das Essen zubereitete, blickte sie dankbar nach diesem verlorenen Sohn, dank dessen Umkehr das

Gesicht des Vaters allmählich den gequälten Ausdruck verlor.

Aber der Wille des Kubaners erlahmte. Nach einem Monat ständiger Arbeit hatte er sie satt. Wohl war der größte Teil der Lagune schon aufgefüllt; es blieben jedoch tiefe Löcher, die ihn zur Verzweiflung brachten, unverstopfbare Trichter, in die das weggedrängte Wasser zurückzuströmen schien, um langsam und stetig an der Erde ringsum zu nagen. Überdies widerte ihn, den an die Leckerbissen in Cañamels Haus Gewöhnten, die magere Küche Bordas an, mit der sein Vater sich zufriedengab.

Und dann der Großvater! War es nicht empörend, wie er bei Cañamel ein- und ausging, als sei nichts passiert? Dort aß er zu Mittag, dort aß er zu Abend und schien sich vortrefflich mit dem Dicken zu verstehen. Für den Enkel hatte er, wenn sie sich abends in der Hütte zu Gesicht bekamen, keinen Gruß, geschweige denn ein freundliches Wort. Und solch eine Behandlung ihm, dem eigentlichen Herrn der Sequiota?

«Die beiden haben sich verständigt, um mich übers Ohr zu hauen», grübelte Tonet. «Wer weiß, ob die ganze Wut Cañamels nicht den Zweck verfolgte, mich auszuschalten, damit sie größere Profite machen können!»

Und mit der Gier des Bauern, der in Geldsachen weder Gefühle noch Familienbande kennt, stellte er eines Abends den Großvater, als der sich zum Fang einschiffen wollte.

«Warum habe ich, dem die Sequiota gehört, schon seit langer Zeit keinen Centimo mehr gesehen? Ich weiß wohl, daß der Fang diesmal nicht so einträglich ist wie in den früheren Jahren; aber daß ihr trotzdem gute Duros einnehmt, erfuhr ich von den Aufkäufern. Also bitte: glatte

Rechnung. Gebt mir, was mir zusteht, oder ich suche mir weniger habsüchtige Partner.»

Der alte Paloma, überzeugt, daß es sein gutes Recht sei, über die ganze Familie mit despotischer Autorität zu herrschen, verspürte nicht übel Lust, den Enkel mit der Stange zu bearbeiten. Aber dann gedachte er der Schwarzen, die Tonet im fernen Land massakriert hatte. *Carajo!** Solch einen Mann schlägt man nicht, auch wenn er zur Familie gehört. Außerdem jagte ihm die Drohung, sich nach anderen Partnern umsehen zu wollen, einen nicht gelinden Schreck ein. So verschanzte er sich hinter die Moral.

«Ich gab dir kein Geld, weil ich deinen Charakter kenne. Geld in den Händen junger Leute ist ihr Verderb. Du würdest es entweder vertrinken oder mit den Taugenichtsen verspielen, die in den Spelunken von Saler ihre Zeit bei den Karten vergeuden. Wenn ich es für dich aufbewahre, erweise ich dir damit einen großen Dienst. Wer anders als du wird denn nach meinem Tod alles erben?»

Doch Tonet ließ sich nicht durch Hoffnungen erweichen. Und nach drei Tagen hartnäckigen Handelns mußte sich der Greis eines Abends dazu bequemen, mit schmerzlicher Miene einen von Duros prallen Beutel aus seinem Gürtel hervorzuholen.

«Nimm, du Jude! Du schlechter Kerl! Ist es durchgebracht, so hol dir mehr. Nur keine Skrupel, und wenn du deinen Großvater ins Grab ärgern solltest! Mein Los kenne ich jetzt: als alter Mann wie ein Sklave arbeiten, damit der Señor gute Tage hat!»

Nach diesem Auftritt schien auch das letzte Fünkchen Zuneigung für den Enkel ausgelöscht.

* vulgär für Penis.

Als der Kubaner Geld in seiner Tasche fühlte, kehrte er nicht mehr in die Hütte seines Vaters zurück. Mit Jagen wollte er sich die Langeweile vertreiben, wollte ein Leben führen, bei dem die Büchse für den Unterhalt sorgte. Er begann es mit dem Kauf einer guten Flinte, da die ehrwürdigen Schießeisen zu Hause ihm nicht zusagten. Und dann verband er sich mit Sangonera, den man ebenfalls aus Cañamels Taverne verbannt hatte.

Der Vagabund war ein tüchtiger Kumpan, der von Nutzen sein konnte. Zudem besaß er ein Unterkommen, das, zwar schlimmer als eine Hundehütte, bei schlechtem Wetter als Zufluchtsort immerhin in Frage kam.

«Ich bin der Jäger, du bist der Hund!» machte Tonet aus. «Alles gehört uns gemeinsam: Essen und Wein. Ist es dir recht?» Sangonera zeigte sich hocherfreut. Auch er würde zum Unterhalt beisteuern. Er wußte mit geschickter Hand die Reusen zu leeren und sie wieder hübsch ordentlich an Ort und Stelle auszulegen, nicht wie die gewissenlosen Langfinger, die nicht allein, wie es Palmars Fischer ausdrückten, die Seele stahlen, sondern auch noch den Körper mitgehen hießen; mit anderen Worten: den Fisch und das Netz. Tonet würde für Fleisch und er für Fisch sorgen. Abgemacht!

Wochenlang führten beide in der Dehesa ein primitives Dasein, wie es ganz Tonets Neigungen entsprach, der während seiner friedlichen Lebensweise in Palmar oft nicht ohne Melancholie an seine Kriegsjahre auf Kuba zurückgedacht hatte, an die unbegrenzte und gefahrvolle Freiheit des Guerillakriegers, der, beständig den Tod vor Augen, weder Hindernisse noch Schranken kennt und mit dem Karabiner in der Hand seine Wünsche erfüllt, ohne irgendein Gesetz gelten zu lassen.

In einem versteckten Winkel des Waldes bauten sie sich eine Laubhütte. Meldete sich der Hunger, so erlegten sie ein paar Kaninchen oder wilde Tauben; fehlte es ihnen an Geld für Wein und Patronen, so machte Tonet mit der Flinte einen Rundgang und brachte an einem Vormittag so viel Wildbret zusammen, daß Sangonera Mühe hatte, es zum Verkauf nach Saler oder Catarroja zu schleppen, von wo er mit vollem Weinschlauch zurückkam. Die Schüsse aus Tonets Flinte, die unverschämt in der ganzen Dehesa knallten, waren eine stete Herausforderung gegen die Flurhüter, deren stillem Einsiedlerleben sie ein Ende bereiteten.

Doch während Tonet jagte, lag Sangonera wie ein Hund auf der Lauer, und sobald er die Feinde nahen sah, mahnte ein leiser Pfiff den Kameraden, sich zu verstecken. Desungeachtet stieß der Enkel des alten Paloma verschiedentlich direkt mit der Nase auf seine Verfolger, denen er bei solcher Gelegenheit energisch seinen Willen kundtat, in der Dehesa zu bleiben. Eines Tages schoß ein Flurhüter auf ihn, aber Sekunden später hörte der Mann als drohende Antwort eine Kugel an seinem Kopf vorbeipfeifen. Verlorene Mühe, den alten Guerillero einschüchtern zu wollen! Weder Gott noch Teufel fürchtete dieser Taugenichts! Er schoß ebenso gut wie sein Großvater, und wenn die Kugel, die so dicht am Gegner vorbeiflog, ihn nicht traf, so lag das einzig und allein daran, daß sie als Warnung gemeint war. Und die Flurhüter, von denen jeder für eine zahlreiche Familie sorgte, kamen schließlich mit dem frechen Wilderer zu einem stummen Vergleich: knallte seine Flinte, so stellten sie sich, als hätten sie sich in der Richtung verhört, und liefen nach der falschen Seite.

Sangonera, der bisher überall Verprügelte und von allen

Türen Verwiesene, fühlte sich jetzt stark als Tonets Kamerad, und kam er nach Saler, so blickte er die Leute unverschämt an, wie ein kleiner Kläffer, der auf den Schutz seines Herrn zählt. Als Dank für diese Protektion verdoppelte er seine Wachsamkeit. Wenn dann und wann auf einer Streife begriffene Gendarmen vorüberkamen, schien der Vagabund sie zu wittern.

«Tonet! Die Tricornios!»* warnte er, fast noch ehe sie in Sicht waren.

Sooft die gelben Bandoliere und die Dreimaster aus schwarzem Lackleder in der Umgebung der Dehesa auftauchten, flüchteten Tonet und Sangonera auf die Albufera. In einem kleinen Nachen des alten Paloma schlüpften sie von Röhricht zu Röhricht, um Enten zu schießen, die Sangonera, daran gewöhnt, sogar im Winter ins Wasser zu gehen, mühelos an Bord beförderte.

Die dunklen Sturmnächte, vom Großvater wie eine Himmelsgunst ersehnt, da sie den großen Fang brachten, überstanden die beiden in Sangoneras Behausung, zusammengekrochen in einer Ecke, wo der Regen, der durch die klaffenden Löcher im Dach prasselte, sie nicht erreichte.

Tonet war hier nur zwei Schritte von seinem Vater entfernt; doch vermied er ihn zu sehen, so sehr fürchtete er dessen ernsten, traurigen Blick. Borda hingegen kam heimlich, um ihres Bruders Wäsche zu wechseln und ihm diese Fürsorge angedeihen zu lassen, deren allein eine Frau fähig ist. Erschöpft von dem harten Tagewerk, besserte das Mädchen beim Schein einer Laterne die Lumpen

* Dreispitz; Kopfbedeckung der Landgendarmerie Guardia Civil.

der beiden Strolche aus, ohne daß je ein Wort des Vorwurfs laut wurde.

Blieben die Kumpane nachts unter sich, so teilten sie, während sie fleißig der Flasche zusprachen, sich ihre intimsten Gedanken mit. Tonet, den Sangoneras Beispiel an unausgesetztes Trinken gewöhnt hatte, konnte die Last seines Geheimnisses nicht allein tragen und enthüllte dem Kameraden seine Liebesbeziehungen zu Neleta.

«Das ist eine Schlechtigkeit», tadelte der Vagabund im ersten Augenblick. «Du sollst nicht begehren deines Nächsten Weib!»

Doch gleich darauf dem Gefühl der Dankbarkeit gegen Tonet nachgebend, fand er in seiner groben Kasuistik * des ehemaligen Sakristans nicht nur Entschuldigungsgründe, sondern sogar Rechtfertigungen.

«Eigentlich habt ihr ja ein gewisses Recht, euch zu lieben. Wenn ihr euch erst nach Neletas Heirat kennengelernt hättet, würden eure Beziehungen eine riesengroße Sünde bedeuten. Aber ihr habt schon in euren Kindertagen zusammen gespielt, ihr seid verlobt gewesen, folglich ist der wahre Schuldige Cañamel, der sich ungerufen zwischen euch gedrängt hat. Also verdient er sein Schicksal.»

In der Erinnerung an die zahllosen Male, die ihn der Schmerbauch vor die Tür gesetzt hatte, lachte Sangonera schließlich ganz beglückt über dessen eheliches Mißgeschick.

Wenn dann kein Wein mehr vorhanden und das Licht des Laternchens fast heruntergebrannt war, begann Sangonera, die Augen vor Trunkenheit geschlossen, seine wirren Glaubensergüsse.

* Spitzfindigkeit.

Tonet, dem dieses Geschwätz nichts Neues mehr bedeutete, schlummerte darüber ein, ohne hinzuhören, während durch das vom Sturm geschüttelte Strohdach der Hütte Regenschauer prasselten. Aber Sangonera zauderte nicht, seinen Freund zu wecken, und näher zu ihm hinkriechend, flüsterte er ihm in geheimnisvollem Ton seine Hoffnungen ins Ohr:

«Die guten Zeiten nahen! ER ist schon in der Welt. Ich habe ihn gesehen, wie ich dich jetzt sehe, und mit einer Hand von unnatürlicher Kälte hat er mich armen Sünder berührt.»

Und wohl zum zehntenmal berichtete er über die seltsame Begegnung am Ufer der Albufera.

«Von Saler kam ich, mit einem Paket Patronen für dich. Da überfiel mich auf dem sich am Seeufer hinschlängelnden Weg eine tiefe Erregung, als näherte sich etwas, das meine Kraft lähmte. Meine Beine versagten, ich fiel zu Boden mit dem einen Wunsch zu schlafen, zu vergehen, nicht mehr zu erwachen.»

«Weil du besoffen warst», grunzte Tonet.

Aber Sangonera widersprach.

«O nein! An jenem Tag trank ich sehr wenig. Der Beweis ist, daß ich wach blieb, obwohl ich mich nicht rühren konnte. Der Nachmittag ging zu Ende. Die Albufera schimmerte violett; über den fernen Bergen färbten den Himmel blutrote Wogen, und aus diesem Leuchten löste sich die Gestalt eines Mannes, der auf dem Weg näher schritt und neben mir stehenblieb. Ein Mann mit sanftem, traurigem Blick, weichem Bart und langem Haar. Sein Gewand war weiß, etwas Ähnliches wie eine Tunika oder eine sehr lange Bluse. Auf dem Rücken trug er ein riesiges, scheinbar sehr schweres Gerät, über das ich mir nicht klar wurde – vielleicht, Tonet, wer weiß es!, vielleicht das Werkzeug zu einem neuen Tod, der die Menschheit nochmals erlösen soll. Er beugte sich über mich, und das ganze Licht der Dämmerung vereinigte sich in seinen Augen. Seine Hand, deren eisige Kälte mich von den Haarwurzeln bis zu den Hacken erschauern ließ, strich über meine Stirn. Mit sanfter Stimme murmelte er einige fremde, wohllautende Worte, die ich nicht verstehen konnte, und ging dann lächelnd weiter, während ich infolge der unbeschreiblichen Erschütterung in tiefen Schlaf fiel, aus dem ich erst Stunden später in dunkler Nacht erwachte.

Ich habe ihn niemals wiedergesehen; aber ER war es, ganz sicher, Tonet. Er ist in die Welt zurückgekehrt; um sein durch die Menschen gefährdetes Werk zu retten, geht er von neuem auf die Suche nach den Armen, den einfachen, den elenden Fischern an den Seen. Ich aber, ich gehöre zu seinen Auserwählten, sonst hätte mich seine Hand nicht berührt.»

Und mit der ganzen heißen Inbrunst, die ihm sein Glaube verlieh, rief der Vagabund: «Daher, Tonet, bin ich fest entschlossen, dich zu verlassen, sobald die süße Erscheinung sich wieder zeigt.»

Tonet, schlecht gelaunt, weil sein Schlaf gestört worden war, knurrte ihn grob an:

«Willst du endlich den Mund halten? Wie oft habe ich dir schon gesagt, daß die ganze Geschichte weiter nichts ist als das Hirngespinst eines Betrunkenen! Wärst du nüchtern gewesen, wie es sich gehört, wenn man dich auf Besorgungen ausschickt, so hättest du gesehen, daß dieser geheimnisvolle Mann der italienische Scherenschleifer war, der zwei Tage in Palmar die Messer und Scheren in

Ordnung brachte und der sein Schleifrad unterwegs auf dem Rücken trug.»

Sangonera verstummte, nicht weil sein Glaube erschüttert war, sondern weil er die harte Faust seines Beschützers fürchtete. In der Stille aber revoltierte er gegen Tonets vulgäre Erklärungen. Oh, man würde schon noch sehen! So verging für sie der Winter: Sangonera, gewiegt von überspannten Hoffnungen; Tonet mit seinen Gedanken bei Neleta, die er nie zu Gesicht bekam, denn gelegentlich seiner Besuche in Palmar wagte er nicht, sich Cañamels Haus zu nähern.

Dieses Fernsein, das sich Monate verlängerte, ließ in seiner Erinnerung das vergangene Glück zu trügerischer Größe anwachsen. Neletas Bild füllte seine Augen. In dem Kreis von Wasser und Schlamm, in dem sich sein Leben abspielte, konnte er sich nicht bewegen, ohne auf etwas zu stoßen, das ihn an sie gemahnte. Er sah sie im Wald, wo sie sich als Kinder verirrten; er sah sie auf dem See, wo sie sich in der süßen Stille der Nacht einander gaben. Gepeinigt von der Enthaltsamkeit, die sein gesundes Leben in freier Luft noch fühlbarer machte, hatte er unruhige Träume, und Sangonera hörte ihn nachts, fauchend wie ein brünstiges Tier, nach Neleta rufen.

Und eines Tages fühlte Tonet, dem diese Leidenschaft den Verstand raubte, daß er sie um jeden Preis sehen müsse. Cañamel, dessen Kränklichkeit zunahm, war zur Stadt gefahren, und in der Mittagsstunde, während der die Stammgäste sich in ihren Häusern aufhielten, betrat der Kubaner resolut die Taverne.

Als die Wirtin ihn auf der Schwelle bemerkte, stieß sie einen leisen Schrei aus, wie beim Anblick eines vom Tode Auferstandenen. Ihre Augen leuchteten freudig auf, um sich aber gleich darauf zu verdüstern – die Vernunft behielt den Sieg. Neleta senkte den Kopf mit harter, unzugänglicher Miene. «Geh, geh!» murmelte sie. «Willst du mich zugrunde richten?»

Sie zugrunde richten, er! Diese Annahme bekümmerte ihn derartig, daß er keine Widerrede wagte. Instinktiv wich er zurück, und so rasch er auch seine Schwäche bereute – schon befand er sich auf der Plaza, fern der Taverne. Er unternahm keinen neuen Versuch. Wenn seine unterdrückte Leidenschaft ihn zu ihr treiben wollte, wirkte die Erinnerung an die schroffe Art ihrer Zurückweisung sofort erkältend. Es war endgültig alles aus. Cañamel, über den er sich früher lustig gemacht hatte, war zu einem unüberwindlichen Hindernis geworden.

Der Haß gegen Neletas Mann brachte ihn dazu, seinen Großvater zu quälen. Alles was er diesem abnehmen konnte, bedeutete, so redete er sich ein, eine Einbuße für Cañamel. Geld! Geld wollte er haben! Das wäre das richtige, bei der Sequiota schön zu verdienen und den wahren Eigentümer zu vergessen! Die ständigen Forderungen führten zu Auseinandersetzungen zwischen Großvater und Enkel, die nur durch ein Wunder nicht in Schlägen endigten. Die alten Fischer am Kanalufer erstaunten jedenfalls über die Geduld, mit der der Alte immer wieder Tonet zu überzeugen suchte.

«Wir haben ein schlechtes Jahr erwischt. Obendrein ist Cañamel sehr krank und überhaupt nicht mehr mit ihm auszukommen. Manchmal ist mir die ganze Sache so über, daß ich wünsche, das Jahr wäre zu Ende und die neue Verlosung fände statt. Der Teufel soll ein Unternehmen holen, das so viele Unannehmlichkeiten mit sich bringt. Mein alter Grundsatz bleibt der beste: Jeder fische für seine eigene Rechnung! Gemeinschaftliches Geschäft? Nicht mit der eigenen Frau!»

Gelang es Tonet, aus dem Alten einige Duros herauszupressen, so pfiff er wohlgemut seinem treuen Sangonera, und beide wanderten von Kneipe zu Kneipe bis nach Valencia, wo sie in den Spelunken der Vorstädte einige Tage schlemmten, bis die leeren Taschen sie zur Rückkehr nach der Albufera zwangen.

Gelegentlich dieser Zwiste mit seinem Großvater hatte Tonet auch allerlei über Cañamels Krankheit erfahren. Sie lieferte Palmar einen ergiebigen Gesprächsstoff, war doch der Schankwirt, dessen Gefälligkeit fast jeder in einem Moment der Verlegenheit in Anspruch nahm, die erste Person im Dorf. Sein Leiden verschlimmerte sich, und alle, die es bisher für pure Einbildung des Dicken gehalten hatten, mußten zugeben, daß seine Gesundheit wirklich ruiniert war.

Jeden Tag klagte er mehr, ohne den Sitz des Übels genau angeben zu können. Der heimtückische Rheumatismus, das natürliche Produkt dieses Sumpfbodens, verschärft durch den Mangel an jeglicher Bewegung, ging in diesem mächtigen Körper um, wo er Versteck spielte mit den heißen Breiumschlägen und den Hausmitteln, die ihn in diesem närrischen Wettrennen nie erreichen konnten. Morgens stöhnte der Wirt über seinen Kopf, abends über seinen Bauch oder die angeschwollenen Glieder. Am schlimmsten waren die Nächte; oft sprang er aus dem Bett und öffnete mitten im Winter das Fenster, weil seinen Lungen die Luft mangelte.

Einmal glaubte er seine mysteriöse Krankheit demaskiert zu haben.

«Jetzt weiß ich, wo diese Spitzbübin sitzt!» meinte er

hocherfreut. «Jetzt habe ich sie! Wenn ich viel esse, wird die Atemnot größer; auch spüre ich dann heftigen Brechreiz. Also sitzt sie im Magen.»

Und gleich begann er an sich herumzudoktern, hierbei die Weisheit des alten Paloma rühmend, der schon längst vor dem reichlichen Essen und Trinken gewarnt hätte.

Auch spazierte er jetzt häufiger ins Dorf, und bei diesen Gängen traf er bisweilen seine schreckliche Schwägerin Samaruca. «Einmal in seinem Leben hat er doch Schamgefühl gezeigt!» hatte sie über ihren Schwager geurteilt, als sie die Kunde von Tonets Verbannung erfuhr. Da es ihr vor Neleta nicht geheuer war, lauerte sie Cañamel außerhalb der Taverne auf, um sich mit übertriebenem Interesse nach seinem Befinden zu erkundigen und über seine Torheit zu jammern.

«Nach dem Verlust der Seligen hättest du allein bleiben müssen. Aber nein, du wolltest den Jugendlichen spielen und nahmst dir ein junges Küken! Jetzt hast du die Bescherung: Ärger und Krankheit! Die Folgen dieser Dummheit zeigen sich jetzt in deinem Körper, und verhüte der Himmel, daß sie dich das Leben kosten!»

Sprach ihr Cañamel von seinem kranken Magen, so fixierte ihn die boshafte Gevatterin mit einem bestürzten Blick, als zuckte in ihrem Hirn ein Gedanke auf, über den sie selbst erschrak.

«Ist es wirklich ein Magenleiden? Man wird dir doch nicht etwas eingegeben haben, um dich für immer loszuwerden?» fragte sie, und in ihren Augen lag eine so deutliche, so gehässige Anklage gegen Neleta, daß es ihrem Schwager in den Händen juckte, sie zu verprügeln.

«Mach dich fort, du Biest! Schon die arme Selige sagte, daß sie dich mehr als den Teufel fürchtete.»

Wütend drehte er ihr den Rücken.

Eine solche Ruchlosigkeit bei Neleta zu argwöhnen! Niemals war sie so gut zu ihm, so fürsorglich gewesen. Wenn er aus der Zeit, als Tonet sich mit schweigender Zustimmung seiner Frau zum Herrn der Taverne aufgeworfen hatte, noch etwas Groll bewahrte, so richtete sich dieser jetzt nicht mehr gegen Neleta, die alle Obliegenheiten im Haus im Stich ließ, um nur für ihren Gatten zu sorgen.

Sie zweifelte auch an den Fähigkeiten des ambulanten Arztes, der unentwegt, als wüßte er nichts von anderen Medikamenten, Chinin in allerdings reichlicher Menge verschrieb.

Ungeachtet aller Einsprüche ihres Mannes kleidete sie ihn wie ein kleines Kind vom Kopf bis zum Fuß an, wobei jedes einzelne Wäsche- oder Kleidungsstück stöhnende Proteste des Rheumatikers hervorrief, und brachte ihn nach Valencia, damit er dort von einigen berühmten Ärzten untersucht würde.

Das Ergebnis war stets dasselbe: nichts als Rheumatismus, aber ein ungemein schwerer Rheumatismus, der sich nicht an einer bestimmten Stelle festgesetzt hatte, sondern den ganzen Organismus verseuchte. Auch die Verordnung lautete immer gleich. Er sollte sich Bewegung machen, körperlich arbeiten und vor allem den Alkokol meiden; man sah ihm doch den Schankwirt an, der gern mit seinen Gästen bechert!

«Und keine Exzesse! Auch darin maßhalten!» Und die Ärzte begleiteten mit bedeutsamem Augenzwinkern diese letzte, halblaut gegebene Anweisung, die sie in Gegenwart seiner Frau nicht klarer formulieren mochten.

Von plötzlicher Energie beseelt, fuhr Cañamel mit seiner Neleta heim. Zu allem war er bereit; er wollte sich

Bewegung machen, um dieses Fett loszuwerden, das seine Knochen umwucherte und auf seinen Lungen lastete; wollte Bäder nehmen; wollte seiner Frau, die mehr verstand als er, gehorsam sein. Doch kaum betrat er die Taverne, so sackte sein Wille zusammen. Das Wohlbehagen völligen Nichtstuns kroch in ihm auf; wieder vertrödelte er seine Tage am Ofen, blickte mit leerem Hirn ins Feuer und pichelte mit, wenn seine Freunde ihm zutranken.

«Von einem Mal mehr wird man nicht gleich sterben!»

Wenn ihn Neleta streng anschaute und wie einen kleinen Jungen herunterputzte, erschöpfte sich der Koloß in demütigen Entschuldigungen.

«Ich darf doch meine Kunden nicht schlecht behandeln; als Wirt habe ich Rücksichten auf meine Gäste zu nehmen. Zuallererst das Geschäft und dann erst die Gesundheit!»

Mitten in diesem Verfall, während sein Wille ohnmächtig daniederlag, während sein Körper von Schmerzen geknebelt wurde, schien seine sinnliche Begierde zu wachsen und in einem Maß, daß sie ihn jederzeit heiß wie Feuer zwickte. Neletas Hingabe gewährte ihm eine gewisse Linderung; es war wie ein Peitschenhieb, der sein ganzes Wesen erschütterte, nach dem sich aber seine Nerven anscheinend beruhigten.

«Du wirst dich umbringen!» zankte seine Frau. «Denk an die Vorschriften der Ärzte!»

Aber Onkel Paco stotterte dieselben Worte, mit denen er seine Gläschen entschuldigte:

«Von einem Mal mehr wird man nicht gleich sterben!»

Sie gab nach, indes in ihren Katzenaugen ein bösartiger Blitz aufzuckte, als sei ihr diese Liebe, die das Ende eines Lebens beschleunigte, ein seltsamer Genuß.

Für den stöhnenden Cañamel bildete das wollüstige Begehren die einzige Zerstreuung, den ständigen Gedanken in seiner qualvollen Unbeweglichkeit. Nachts litt er im Bett an Erstickungsanfällen, und in einem Armstuhl erwartete er, mühsam wie ein Asthmatiker röchelnd, am offenen Fenster das Morgengrauen. Bei Tag fühlte er sich etwas besser, und wenn er es satt bekam, seine Beine vor dem Feuer zu rösten, ging er schwankenden Schrittes ins Innere des Hauses.

«Neleta! Neleta!» rief er in einem ängstlichen Ton, der seiner Frau seine Bitte verriet.

Mit resignierter Miene überließ sie ihrer Tante den Platz hinter dem Schanktisch, um mehr als eine Stunde unsichtbar zu bleiben, worüber die Stammgäste, für die es in Cañamels Haus keine Heimlichkeiten gab, verständnisinnig schmunzelten.

Der alte Paloma, der, je mehr sich das gemeinsame Unternehmen seinem Ende zuneigte, desto weniger Respekt vor seinem Partner bekundete, sagte ganz offen:

«Wie geile Hunde auf der Straße treiben sie's!»

Und Samaruca erklärte überall, daß man im besten Zug wäre, ihren Schwager zu morden.

«Neletas alte Tante ist eine Hexe, und die beiden haben Paco sicher etwas eingegeben, das seinen Verstand verwirrt. Wahrscheinlich Verführungspulver! Wie könnte der arme Mensch sonst so toll hinter ihr her sein, ohne jemals genug zu bekommen! Jeden Tag verliert er einen weiteren Fetzen seiner Gesundheit! Gibt es denn keine Gerechtigkeit auf Erden, um dieses Verbrechen zu strafen?»

Cañamels Zustand rechtfertigte das Getuschel. Sogar an den heißen Sommertagen sahen ihn die Gäste in eine Manta gehüllt am Herd kleben, auf dem der Fischreis schmorte. Ungehindert setzten sich dicke Brummer auf seinen Kopf. Seine Lippen nahmen eine bläuliche Farbe an; die schlaffen, aufgedunsenen Backen waren gelb wie Wachs, und um die herausquellenden Augen lagen breite schwarze Ringe, in denen sie zu versinken schienen. Eine enorme Masse von Fett, ein Phantom mit zitternden Gliedern, dessen Gegenwart den Gästen die Laune verdarb! Der alte Paloma kam nicht mehr zur Taverne. Der Wein schmeckte ihm sauer beim Anblick dieses Jammerbündels, und als sein Geschäft mit Cañamel beendet war, siedelte er in eine andere Kneipe über, wohin ihm seine Freunde nachfolgten.

Neleta drängte ihren Mann, sich der von den Ärzten empfohlenen Badekur zu unterziehen.

«Später, später! Im nächsten Monat», antwortete der Kranke, unfähig, sich von seiner Frau und diesem Winkel zu trennen, mit dem sein Leben verkettet zu sein schien.

Erst das enorme Anschwellen der Fußknöchel, eine Erscheinung, die die Ärzte in Valencia vorausgesagt hatten, riß Cañamel aus seiner Betäubung, und gehorsam fügte er sich Neletas Bestimmung, nach Ruzafa zu fahren. Wie alle Wohlhabenden von Palmar hatten sie dort, wo man über die Ärzte und Apotheken Valencias verfügen konnte, für den Fall einer schweren Erkrankung ein Häuschen gemietet.

Von der Tante seiner Frau begleitet, brachte Cañamel vierzehn Tage in Ruzafa zu. Doch kaum ging die Anschwellung ein wenig zurück, so kehrte er heim. War das ein Leben, fern von seiner Neleta? In Ruzafa fühlte er die Kälte des Todes, wenn auf seinen Ruf statt seiner Frau das verrunzelte Gesicht der Tante erschien.

Zu Hause verfiel er sofort in die alten Gewohnheiten, und von neuem hörte man in der Taverne sein ewiges Wehklagen.

Aber Anfang Oktober mußte er wieder nach Ruzafa, diesmal in schlimmerem Zustand. Die Geschwulst griff jetzt auch auf seine ohnedies schon vom Rheumatismus entstellten Beine über, die monströse Formen annahmen, wahre Elefantenbeine wurden und die er, auf irgend jemanden gestützt, mühselig nachschleifte.

Die Tante war frühmorgens im «Aalkarren» schon vorausgefahren, um das Häuschen in Ordnung zu bringen, während Cañamel, von seiner Frau bis ans Ufer geleitet, in der Postbarke nachkam.

Als Neleta abends die Taverne verriegelt hatte und zu Bett ging, meinte sie auf der Kanalseite einen Pfiff zu hören, den sie schon seit ihrer Kindheit kannte. Sie öffnete ein Fenster, um nachzusehen. Er war es! Stand da traurig wie ein Hund, der leise hofft, daß man ihn einläßt.

Die Wirtin schloß das Fenster und legte sich nieder. Welche Narrheit! Glaubte Tonet wirklich, sie sei so dumm, in einem Moment der Leidenschaft ihre ganze Zukunft aufs Spiel zu setzen? Abwarten! Vielleicht nahte das Glück, wenn man es am wenigsten erhoffte!

In Tonets Leben gab es eine neue Umwälzung. Wieder führte er sich gut, wieder lebte er in der väterlichen Hütte und arbeitete auf den Feldern, die dank der Zähigkeit des Vaters fast die ganze Lagune verdrängt hatten.

Mit dem abenteuerlichen Leben in der Dehesa war es vorbei. Die Gendarmen von Ruzafa bedachten sie zu häufig mit Streifen, und diese schnurrbärtigen Gesellen mit dem Inquisitorengesicht hatten ihn wissen lassen, daß sie den ersten Flintenschuß, den er unter den Pinien abfeuerte, mit einer Mauserkugel beantworten würden.

Der Kubaner beherzigte diese Ankündigung. Die Männer mit dem gelben Lederzeug glichen nicht den Flurhütern; sie waren durchaus fähig, ihn am Fuß eines Baumes tot liegenzulassen! Dann ein Stück Papier mit dem Rapport – und die ganze Sache war erledigt!

Daher erhielt Sangonera den Abschied, worauf er sein fahrendes Leben wiederaufnahm, sich im Rausch mit Blumenkränzen schmückte und überall am See die geheimnisvolle Erscheinung suchte, die ihm Tag und Nacht vor Augen stand.

Tonet selbst hing die Flinte in der Hütte seines Vaters auf und schwor, daß er sein früheres Leben aufs tiefste bereute. Seine Worte klangen so aufrichtig, daß Toni seinen Sohn umarmte, zum erstenmal seit der Rückkehr von Kuba.

Traurigkeit war es, die Tonets Willen stärkte. Er hatte gesehen, wie Neleta ihr Fenster öffnete, dann wieder schloß. Sie mußte ihn erkannt haben, und dennoch war sie stumm geblieben? Also blieb ihm nichts mehr zu hoffen, blieb ihm nur noch die Liebe der Seinigen. Immer enger schloß er sich seinem Vater und Borda an, teilte ihre Hoffnungen wie ihre Mühen und beglückte sie durch sein Betragen; denn selten nur trank er ein Glas Wein, und die Abende verbrachte er in Gesellschaft des Vaters, dem er Geschichten von Kuba zum besten gab.

Borda strahlte.

«Der arme, liebe Junge! Ihr ahnt nicht, wie gut er im Grund ist! Und welche Freude er dem Vater bereitet!» lobte sie ihn, wenn sie mit einer Nachbarin sprach.

Ganz plötzlich ließ Neleta die Taverne im Stich, um nach Ruzafa zu fahren. So groß war ihre Hast, daß sie die Postbarke nicht abwarten wollte, sondern den alten Paloma rief, damit er sie mit seinem kleinen Boot in Saler oder dem Hafen von Catarroja oder sonst irgendeinem

Ort an der Küste absetze, von wo sie Ruzafa erreichen konnte.

Cañamel ging es sehr schlecht, aber nicht das nahm Neleta so schwer. Vormittags hatte die von Ruzafa herbeigeeilte Tante ihr Neuigkeiten erzählt, die sie hinter ihrem Schanktisch zu Stein werden ließen. Seit vier Tagen befand sich die Samaruca in Ruzafa, als Verwandte im selben Haus installiert, und mit ihr ein Neffe, den sie wie ein eigenes Kind liebte – derselbe Bursche, der in der Nacht der Serenaden von Tonet mißhandelt wurde. Anfänglich hatte die gutmütige Pflegerin in ihrer Herzenseinfalt dazu geschwiegen, es waren ja schließlich Verwandte Cañamels, und warum den Kranken dieser Zerstreuung berauben? Aber dann hörte sie zufällig vor zwei Abenden, wie Samaruca ihrem Schwager beteuerte, daß Tonet seit der Abreise des Wirts jede Nacht in die Taverne schlüpfe.

«Außerdem» – als sie dies erzählte, zitterte die Alte vor Furcht – «kamen gestern zwei von Samaruca und ihrem Neffen geführte Herren ins Haus, von denen der eine mit gedämpfter Stimme Fragen an Cañamel richtete und der andere schrieb. Sicher hat das etwas mit dem Testament zu tun.»

Bei dieser Nachricht offenbarte sich Neleta so, wie sie wirklich war. Ihre kleine Mimosenstimme mit dem süßen Tonfall wurde rauh, die Augen funkelten, über ihre Haut lief eine grünliche Welle.

«Carajo!» fluchte sie, genau wie irgendeiner der bei ihr verkehrenden Fischer. «Damit mir das passiert, habe ich Cañamel geheiratet? Deshalb ertrage ich diese endlosen Quälereien und zwinge mich, sanft und liebreich zu sein?»

Ihr erster Impuls war, mit den Fäusten auf ihre Tante loszugehen, die in letzter Stunde erst den Mund auftat, wenn es vielleicht schon kein Mittel mehr gab, dem Unheil zu steuern. Aber sich bewußt werdend, daß sie hiermit nur kostbare Zeit verlieren würde, zog sie es vor, zum Boot des alten Paloma zu rennen. Sie selbst half ihm beim Staken. Nur rasch, rasch aus dem Kanal hinaus und das Segel setzen!

Spät nachmittags brach sie wie ein Orkan in das kleine Häuschen in Ruzafa ein. Samaruca erbleichte bei ihrem Anblick und wich unwillkürlich in der Richtung zur Tür zurück; doch ehe sie sich in Sicherheit bringen konnte, versetzte ihr Neleta eine schallende Ohrfeige. Schon lagen sich die beiden Frauen, stumm vor Wut, in den Haaren; sie zerrten sich durch das Zimmer, stießen gegen die Wände, warfen die Stühle um, ohne daß die in das Haar der Gegnerin verkrallten Finger nachgaben.

Samaruca war stark, die Gevatterinnen Palmars bangten vor ihr, aber Neleta verbarg unter der Süße ihres Lächelns und der Sanftheit ihrer Stimme die Gewandtheit einer Schlange. Außer sich vor Grimm biß sie in die Backe ihrer Feindin, daß das Blut hervorquoll.

«Was gibt's denn?» plärrte nebenan die Stimme Cañamels, den der Lärm erschreckte. «Was geht dort vor?»

Der Arzt, der sich gerade zur Untersuchung bei ihm befand, trat aus dem Krankenzimmer, und mit Unterstützung von Samarucas Neffen gelang es ihm, die beiden Frauen zu trennen, wobei er selbst gehörig zerkratzt wurde. An der Tür drängten sich die Nachbarinnen. Sie bewunderten die blinde Erbitterung, mit der die Frauen kämpften, und lobten den Mut der kleinen Blonden, die Tränen vergoß, weil sie sich nicht weiter «Luft machen» konnte.

Samaruca floh, mit ihr der Neffe. Die Haustür wurde

verschlossen, und Neleta betrat, die Haare zerwühlt und rote Nagelspuren im Gesicht, das Zimmer ihres Mannes.

Cañamel war eine Ruine. Das Ödem breitete sich, wie der Arzt sagte, jetzt auch im Bauch aus; die Lippen zeigten die fahlblaue Färbung eines Leichnams. Er wirkte noch riesiger, wie er, den Kopf zwischen die Schultern eingezogen, im Sessel saß, das Opfer einer Schlafsucht, die er nur auf Kosten großer Anstrengung zu überwinden vermochte. Er fragte nicht mehr nach der Ursache des Lärms, den er bereits vergessen zu haben schien, aber beim Anblick seiner Frau verzog sich sein Fettgesicht zu einem kleinen, frohen Lächeln:

«Es geht mir sehr schlecht, Neleta, sehr schlecht!»

Er konnte sich nicht mehr bewegen. Versuchte er sich hinzulegen, so fehlte ihm der Atem, und man mußte trachten, ihn so schnell wie möglich wieder hochzuheben, damit er nicht erstickte.

Neleta traf alle Vorbereitungen für einen längeren Aufenthalt. Ah, Samaruca sollte sie nicht mehr zum besten haben! Sie würde Paco nicht mehr aus den Augen lassen, bis er gesund genug war, mit ihr ins Dorf zurückzukehren! Aber im Grunde glaubte sie selbst nicht an die Möglichkeit, daß er die Ufer der Albufera noch einmal wiedersehen könnte. Auch die Ärzte hielten mit ihrer Meinung nicht hinter dem Berg: Cañamel litt an einem kardialen Rheumatismus, der Asystholie, einer Krankheit, gegen die man machtlos war! Das Herz konnte in irgendeinem Augenblick unvermutet aussetzen und so das Ende herbeiführen.

Neleta wich Tag und Nacht nicht von ihrem Gatten. Ihre Gedanken beschäftigten sich unablässig mit dem in ihrer Abwesenheit verfaßten Dokument. Cañamels Lethargie versetzte sie in helle Wut; sie wollte wissen, was er, von der verfluchten Samaruca inspiriert, diesen beiden Herren diktiert hatte, und wiederholt schüttelte sie ihn, um ihn aus seinem Dämmerzustand zu wecken.

Doch wenn ihr Paco sich sekundenlang ermunterte, antwortete er stets das gleiche:

«Ich habe über alles aufs beste verfügt. Wenn du dich gut führst und wenn du mich so liebst, wie du es oft genug geschworen hast, brauchst du nichts zu befürchten!»

Zehn Tage später starb er in seinem Sessel, vom Asthma erstickt, ungeheuerlich aufgeschwollen.

Neleta fand kaum Zeit zu weinen. Etwas anderes nahm sie ganz und gar in Anspruch. Als der Sarg versunken war und sie die Beileidsbezeigungen des Trauergeleits überstanden hatte, eilte sie zum Notar, um sich über das Testament ihres Gatten zu unterrichten.

Und sie erfuhr, daß Cañamel, wie er es in seinen letzten Augenblicken bekräftigte, alles bestens geordnet hatte.

Er setzte Neleta als einzige Erbin ein, ohne irgendwelche Legate oder Sondervermächtnisse zu machen. Sollte sie sich aber wiederverheiraten oder durch ihr Benehmen beweisen, daß sie Liebesbeziehungen zu einem Mann unterhielte, so fiel die Hälfte des Vermögens an seine Schwägerin und die übrigen Verwandten seiner ersten Frau.

Niemand wusste, wie Tonet seine Rückkehr in die Taverne des verstorbenen Cañamel eigentlich bewerkstelligte.

Die Gäste sahen ihn eines Tages, an einem der kleinen Tische sitzend, mit Sangonera und anderen Müßiggängern Karten spielen. Und niemand erstaunte. Ganz natürlich, daß Tonet ein Wirtshaus besuchte, dessen Besitzer Neleta war!

Wieder verbrachte der Kubaner dort sein Leben und ließ seinen Vater, der an eine völlige Besserung geglaubt hatte, von neuem im Stich. Doch jetzt gab es zwischen ihm und der Wirtin nicht mehr diese verdächtige, brüderliche Vertraulichkeit, an der Palmar früher Anstoß genommen hatte. Neleta saß in Trauerkleidung hinter dem Schanktisch, noch hübscher durch ein gewisses Etwas von Autorität – ja, sie erschien imposanter, seit sie sich reich und frei wußte. Sie scherzte weniger mit den Gästen, zeigte eine herbe Tugend und nahm die üblichen Späße mit gerunzelter Stirn und zusammengepreßten Lippen auf. Und streifte jemand beim Entgegennehmen seines Glases ihre nackten Arme, so genügte dies, daß sie ihn vor die Tür zu setzen drohte.

Die Kundschaft mehrte sich, seitdem das klägliche Gespenst des aufgedunsenen Cañamel verschwunden war.

Der Wein, den die Witwe servierte, mundete, und die kleineren Kneipen von Palmar standen wieder leer.

Tonet wagte aus Scheu vor den Bemerkungen der Leute nicht mehr, mit Neleta wie einst zu verkehren. Samaruca schwatzte schon genug, nun er wieder zu den Gästen der Taverne zählte! Er spielte, trank, setzte sich in Cañamels frühere Ecke, scheinbar unbekümmert, doch von weitem durch diese Frau beherrscht, die nach jedem freundlich schaute, ausgenommen nach ihm.

Paloma, der alte Fuchs, verstand die Lage seines Enkels. Der Junge tat Dienst! Die Witwe konnte nicht ohne ihn auskommen und wünschte ihn ständig vor Augen zu haben, aber niemand sollte es merken.

Sie, die in der letzten Zeit von Cañamel viel hatte erdulden müssen, hielt sich jetzt schadlos, indem sie Tonet ihre Macht fühlen ließ.

Der arme Teufel, noch ganz betäubt von der Schnelligkeit, mit der der Tod alles regelt, vermochte sein Glück, ohne Furcht vor einem plötzlichen Auftauchen des gereizten Schankwirts in der Taverne weilen zu können, noch nicht recht zu fassen. Angesichts des Reichtums, über den Neleta als Alleinherrin verfügte, zeigte sich Tonet gefügig für alle ihre Wünsche.

Sie bewachte ihn mit einer rauhen Zärtlichkeit, die der Strenge einer Mutter glich.

«Trink nicht mehr!» entschied sie, wenn Tonet auf Sangoneras Betreiben neue Gläser am Schanktisch zu bestellen sich erdreistete.

Und der Enkel des alten Paloma verzichtete gehorsam wie ein Kind auf weitere Getränke und blieb ruhig auf seinem Platz sitzen, von den Stammgästen mit Zuvorkommenheit behandelt, denn allen schien es eine Selbstverständlichkeit, daß nach Ablauf der gesetzlichen Trauerzeit der Kubaner die Herrin des Hauses heiraten und als rechtmäßiger Besitzer hinter dem Schanktisch stehen würde, den er so oft als Liebhaber übersprungen hatte.

Die einzigen, die nicht an diese Lösung glaubten, waren Samaruca und ihr Anhang.

«Neleta heiraten? Das wird sie nicht tun, dessen bin ich gewiß! Dieses Frauchen mit der flötenden Stimme ist zu verderbt, um zu handeln, wie Gott es befiehlt. Ehe sie das Opfer bringt, uns das abzutreten, was uns von Rechts wegen ohnehin gehört, wird sie lieber mit dem Kubaner heimlich zusammenleben. Übrigens nichts Neues für sie; der arme Cañamel hat schlimmere Sachen vor seinem Tod erlebt!»

Angespornt durch das Testament, das ihnen die Möglichkeit zum Reichwerden bot, wie auch durch die Überzeugung, daß Neleta ihnen den Weg nie mittels einer Heirat ebnen würde, umgaben Samaruca und ihre Gefolgschaft das Liebespaar mit einem Netz sorgfältigster Spionage.

Jede Nacht stand das schreckliche Weib, in ihren Manton gehüllt, auf der Lauer, um festzustellen, ob sich Tonet bei Schluß der Taverne unter den Heimkehrenden befand.

Manchmal schlich sie auch Sangonera nach, der unsicheren Schrittes seiner Hütte zustrebte und jählings Samaruca wie einen Geist aus der Dunkelheit auftauchen sah.

«Wo ist Tonet?»

Der Vagabund, ihre Absichten erratend, grinste spöttisch. Ihm mit so etwas zu kommen! Und seine Hände ausbreitend, als wollte er die ganze Albufera umfassen, antwortete er:

«Tonet? Dort... dort, irgendwo auf der Welt!»

In ihren Nachforschungen war Samaruca unermüdlich. Bevor der Tag anbrach, stand sie schon vor Palomas Hütte, und sobald sich Borda zeigte, begann sie eine Unterhaltung mit dem jungen Mädchen, wobei ihre Augen durch die offenstehende Tür das Innere des Häuschens nach Tonet durchsuchten.

Bald war der schönen Wirtin unversöhnliche Feindin auch sicher, daß der junge Mann nachts in der Taverne blieb. Was für ein Skandal! So kurze Zeit nach Cañamels Tod!

Aber sie mußte gültige Beweise haben, und so legte sie sich ganze Nächte lang in der Nähe der Taverne in Hinterhalt, von einigen Verwandten begleitet, die ihr als Zeugen dienen sollten. Immer hoffte sie Tonet vor Tagesanbruch herauskommen zu sehen! Doch die Türen der Taverne öffneten sich während der Dauer der Nacht nicht ein einziges Mal; dunkel und still lag das Haus, als schliefen dort drinnen alle den Schlaf der Unschuld. Am anderen Morgen sah man Neleta ruhig, lächelnd, frisch hinter der Theke, allen geradeaus ins Auge sehend wie jemand, der sich nichts vorzuwerfen hat. Und erst viel, viel später erschien Tonet, wie durch Zauberei, ohne daß irgendein Gast mit Sicherheit gewußt hätte, ob er durch die Tür zur Dorfstraße oder durch die zum Kanal eingetreten war. Sehr schwierig, dieses Paar zu ertappen! Samaruca verzweifelte, da sie Neletas Verschlagenheit erkannte. Um jede Indiskretion zu vereiteln, hatte die Witwe ihre Magd entlassen und durch ihre Tante ersetzt, diese willenlose, ergebene Alte, die dem Temperament ihrer reichen Nichte einen mit Furcht gemischten Respekt entgegenbrachte.

Don Miguel, dem die dunklen Machenschaften der

Samaruca zu Ohren gekommen waren, nahm sich den Kubaner mehr als einmal vor.

«Ihr müßt heiraten», drängte er. «Jeden Tag könnt ihr von der anderen im Testament erwähnten Partei überrascht werden, und dann gibt es einen Skandal, von dem die ganze Albufera reden wird. Wenn auch Neleta einen Teil der Erbschaft herausgeben muß, ist es trotzdem nicht besser, nach Gottes Geboten zu leben, ohne Heuchelei und Lüge?»

Tonet zuckte mit den Achseln. Was konnte er machen? Er wollte ja gern heiraten, aber die Entscheidung darüber lag bei Neleta!

Die Wirtin war die einzige Frau Palmars, die dem rauhen Vikar die Stirn zu bieten wagte. Ohne von ihrer gewohnten Sanftmut zu lassen, beklagte sie sich bitter wegen seiner Zurechtweisungen.

«Niemand kann mir etwas vorwerfen! Warum denn heiraten? Ich habe gar kein Bedürfnis nach Männern! Nur muß ich für die Taverne eine männliche Hilfe haben, und dafür nahm ich Tonet, den Jugendfreund. Darf ich mir nicht den aussuchen, der mir das meiste Vertrauen einflößt? Ich weiß schon, wie Samaruca mich anschwärzt, damit ich ihr die Reisfelder des Seligen abtrete, die Hälfte des ganzen Vermögens, zu dem meine Arbeit redlich ihr Teil beigetragen hat! Aber eher trocknet der See aus, als daß dies Weib eine Peseta sieht!»

Mit unverhüllter Heftigkeit brach bei Neleta die Habgier von Generationen elender Fischer durch, der Neid auf Besitzer rentablen Grund und Bodens. Sie erinnerte sich an ihre hungrige Kindheit, wenn sie demütig in der Tür der Palomas darauf wartete, ob Tonets Mutter sich ihrer erbarme; sie erinnerte sich an die Anstrengungen, die es sie gekostet hatte, Cañamel zum Traualtar zu bringen und sich während seines langen Siechtums in Geduld zu fassen. Und jetzt, da sie die reichste Frau von Palmar war, sollte sie wegen ein paar nichtiger Skrupel ihr Vermögen mit Leuten teilen, die ihr immer Schaden zugefügt hatten?

Ihre schönen Reisfelder, um die sie sich mit so viel Liebe kümmerte, in den Besitz der Samaruca übergehen lassen! Rot stieg es vor ihren Augen auf, ihre Hände krallten sich in derselben rasenden Wut zusammen wie damals in Ruzafa, als sie wie ein wildes Tier auf ihre Feindin stürzte.

Der Reichtum hatte sie geändert. Gewiß liebte sie Tonet, aber bei einer Wahl zwischen ihm und ihrem Vermögen bestand für sie kein Zweifel, daß sie ihren Liebhaber opfern mußte. Früher oder später würde er doch zu ihr zurückkehren, sein Leben war für immer an das ihrige gekettet; gab sie hingegen das kleinste Teilchen ihrer Erbschaft frei, so sah sie es niemals wieder.

Deswegen hörte sie auch mit Entrüstung die zaghaften Vorschläge, die Tonet ihr nachts im stillen Schlafzimmer des oberen Stockwerks machte.

Den Kubaner bedrückte dieses Leben, bei dem sie wie flüchtige Verbrecher ständig auf der Hut sein mußten. Ihn verlangte danach, rechtmäßiger Besitzer der Taverne zu werden, dem Dorf mit dieser neuen sozialen Stellung zu imponieren und denen gleichgestellt zu sein, die ihn geringschätzig behandelt hatten. Außerdem, doch dies verheimlichte er ihr sorgfältig, sagte ihm sein Empfinden, daß er als Neletas Gatte weniger unter ihrem herrschsüchtigen Charakter zu leiden haben würde, unter diesem Despotismus der reichen Frau, die ihrem Liebhaber nach Laune die Tür weisen kann.

«Da wir uns doch lieben, Neleta, warum wollen wir denn nicht heiraten?»

Aber im Dunkel des Alkovens raschelte, während Tonet sprach, das Maisstroh der Bettsäcke unter Neletas heftigen, ungeduldigen Bewegungen.

«Fängst du auch an?» Ihre Stimme hatte wieder den rauhen Klang der Wut. «Nein, mein Junge! Ich weiß, was ich zu tun habe, und brauche keine Ratschläge. So wie es jetzt ist, ist es ganz gut für uns beide. Fehlt dir vielleicht etwas? Verfügst du nicht über alles, als wenn es dir gehörte? Nur für das Vergnügen, von Don Miguel getraut zu werden, soll ich die Hälfte meines Vermögens den Dreckhänden Samarucas ausliefern? Und ferner: was hier in Palmar als Reichtum gilt, langt außerhalb der Albufera kaum zu einem bescheidenen Dasein. Ich aber habe gar keine Lust, ewig hier Gläser zu füllen und mich mit Bezechten herumzuplagen; ich will den Rest meines Lebens in Valencia verbringen, in einer schönen Wohnung, wie eine richtige Señora, die von ihren Renten lebt. Deshalb werde ich Geld auch zu viel höheren Zinsen ausleihen als Cañamel, und wenn ich wirklich reich geworden bin, entschließe ich mich vielleicht, Samaruca mit einer Summe abzufinden, die dann für mich eine Lappalie bedeutet. Wenn es so weit ist, dann kannst du mir von Ehe reden, vorausgesetzt daß du dich stets gut führst und mir gehorchst. Aber vorläufig, *Recordons!*, nichts von übereilter Heirat; nichts vom Geldhergeben! Eher lasse ich mir wie eine Schleie den Bauch aufschlitzen!»

Ihre Worte verrieten einen solch unbeugsamen Willen, daß Tonet nichts zu erwidern wagte. Dieser Bursche, dessen Streben immer dahin ging, durch seine Bravour das ganze Dorf einzuschüchtern, duckte sich vor Neleta, um so mehr, da er sich ihrer Liebe nicht mehr so sicher wußte wie im Anfang.

Nicht daß die schöne Witwe seiner überdrüssig geworden wäre, aber ihr Wohlstand gab ihr ein großes Übergewicht. Zudem hatte mit der Gewohnheit, sich während der langen Winternächte in der festverschlossenen Taverne anzugehören, nach und nach für sie das Aufreizende der Gefahr sich verflüchtigt, die mit Angst gepaarte Wollust, die sie zu Lebzeiten Cañamels auskostete, wenn sie sich, stets einer Überraschung gewärtig, hinter den Türen küßten oder außerhalb Palmars heimlich trafen.

Schon vier Monate währte dieses beinahe eheliche Leben, ohne andere Störung als die unschwer zu vereitelnde Überwachung Samarucas, als ein Ereignis eintrat, das Tonet für einen Augenblick die Verwirklichung seiner Wünsche vorgaukelte. Neleta sah nachdenklich und ernst aus. Die senkrechte Falte, die ihre Stirn zwischen den Augenbrauen furchte, deutete unfrohe Gedanken an. Unter den nichtigsten Vorwänden schalt sie mit Tonet, beschimpfte ihn, stieß ihn von sich, beklagte ihre verhängnisvolle Liebe und verfluchte die Stunde der Schwäche, in der sie sich ihm gegeben hatte. Dann wieder fiel sie, von Sinnenlust getrieben, ihrem Geliebten in die Arme und überließ sich ihm rückhaltlos.

Ihre wechselnde Laune und ihre Nervosität machten die Liebesnächte zu Stunden erregter Auseinandersetzungen, Zärtlichkeiten wechselten ab mit bitteren Vorwürfen, und es fehlte wenig, daß der Mund, der eben noch küßte, gebissen hätte. Endlich enthüllte ihm Neleta mit zornigen Worten ihr Geheimnis.

«Ich habe bisher geschwiegen, weil ich immer noch an meinem Unglück zweifelte, doch jetzt, nach zwei Monaten geduldiger Beobachtung, bin ich sicher. Ich werde Mutter...»

Tonet erschrak. Aber gleichzeitig fühlte er eine gewisse Genugtuung.

«Was hätte mich das zu Cañamels Zeiten geschert? Welche Gefahr lief ich damals?» fuhr sie erbittert fort. «Der Teufel jedoch, der seine Hand im Spiel haben muß, zieht vor, es gerade jetzt passieren zu lassen, da ich alles Interesse habe, unsere Liebe geheimzuhalten!»

Als Tonet sich von der ersten Überraschung erholt hatte, fragte er sie schüchtern, was sie zu tun gedächte, und das leichte Zittern in der Stimme ihres Geliebten offenbarte Neleta seine geheimen Gedanken. Sie brach in ein Lachen aus, in ein lautes hohnvolles Lachen.

«Schon glaubst du, daß ich dich deswegen heiraten werde! Deswegen? Da kennst du mich nicht. Heiraten! Für alles auf der Welt gibt es ein Mittel!»

Nach diesem Wutausbruch über den Schabernack, den sich die Natur mit ihr erlaubte, sie überrumpelnd, als sie sich vollkommen in Sicherheit dünkte, wurde Neleta wieder sanfter, und beide setzten ihr bisheriges Leben fort, als hätte sich nichts ereignet. Hinfort vermieden sie jede Anspielung auf die Schwierigkeit, die sich vor ihnen auftürmte; sie gewöhnten sich daran, ruhig, da die Lösung noch in weiter Ferne schwebte, und vertrauten auf irgendeinen unverhofften Umstand, der sie retten könnte.

Ohne es ihrem Liebsten gegenüber zu erwähnen, suchte Neleta sich dieses neuen Lebens zu entledigen, das sie wie eine Drohung in ihrem Schoß pochen fühlte.

Die ins Vertrauen gezogene Tante faselte von allmächtigen Medizinen, von denen sie gehört hatte, wenn ihre

Freundinnen die vielen Geburten in den armen Familien bekrittelten. Auf Verlangen ihrer Nichte fuhr sie, um verschiedene weise Frauen zu konstultieren, deren obskurer Name sich bei der Hefe des Volkes großer Berühmtheit erfreute, nach Ruzafa, ja sogar nach Valencia, von wo sie mit seltsamen, aus widerwärtigen Stoffen zusammengebrauten Mixturen zurückkehrte, die den Magen umstülpten.

Oftmals entdeckte Tonet auf dem Körper seiner Geliebten übelriechende Pflaster, auf die Neleta fest baute, Breiumschläge aus allerhand Waldpflanzen und Kräutern, die ihre Schäferstunden in einen Brodem von Hexerei hüllten. Aber alle Mittel erwiesen sich als unwirksam. Die Monate vergingen, und Neleta überzeugte sich verzweifelnd von der Nutzlosigkeit ihrer Anstrengungen.

«Das Kindchen hat sich zu fest angeklammert», seufzte sorgenvoll die Tante. Stürmische Nächte kamen; es schien, als rächte sich ein wiederauferstandener Cañamel damit, einen gegen den anderen zu hetzen.

Neleta weinte haltlos und klagte Tonet an. Er war schuld; seinetwegen sah sie ihre Zukunft gefährdet! Wenn sie dann in der Nervosität ihres Zustandes müde wurde, den Kubaner zu beschimpfen, richtete sie ihre Augen zornig auf den Bauch, der frei von dem Zwang, dem er tagsüber, um Neugierige zu täuschen, unterworfen war, jede Nacht wie ein Monstrum anzuschwellen schien.

Und von Haß erfüllt gegen das Wesen, das sich dort bewegte, hieb Neleta mit geballter Faust bestialisch auf ihren Leib, als wollte sie es in seiner warmen Hülle zerschmettern.

Tonet haßte es nicht weniger, denn er sah gleichfalls in ihm eine Bedrohung. Neletas Habsucht hatte auch ihn ergriffen, und mit Schrecken dachte er an den Verlust der Hälfte dieser Erbschaft, die er als die seinige betrachtete.

Alle Mittel, von denen die Fischer unter sich sprachen, empfahl er seiner Liebsten. Bald waren es brutale Versuche, wahre Attentate gegen die Natur, die die Haare zu Berge stehen ließen, bald wunderliche Mixturen, über die man nur lächeln konnte. Doch Neletas Gesundheit machte sich über alles lustig.

Allmählich mußte die Wirtin grausame Torturen erleiden, damit dem Dorf ihr Zustand verheimlicht bliebe. Jeden Morgen schnürte sie ihren Leib so qualvoll ein, daß Tonet zusammenfuhr.

Oft fehlten ihr selbst die Kräfte, und mit wilder Geste ihrem Geliebten die Senkel ihres Korsetts hinhaltend, rief sie: «Zieh, zieh!»

Und Tonet zog, auf der Stirn einen kalten Schweiß. Ihn schüttelte es angesichts der Energie dieser kleinen Frau, die dumpf stöhnend die Lippen aufeinanderpreßte und die Tränen ihrer Qual hinunterschluckte.

Sie gebrauchte alle billigen Parfums und legte Rot auf, um sich in der Taverne frisch und schön wie immer zu zeigen. Trotzdem witterte Samaruca, die wie ein Schweißhund um das Haus herumstrich, etwas Anormales, wenn sie einen rapiden Blick durch die offene Straßentür warf, und auch andere Frauen ahnten mit der Erfahrung ihres Geschlechts, was mit der Schankwirtin vorging.

An den Türen der Hütten stritten sich Samaruca und ihre Verwandtschaft mit denen, die ihren Versicherungen keinen Glauben schenken wollten, so daß die Klatschbasen, anstatt ihre Kleinen nach Wein oder Öl zu schicken, sich selbst an der Theke der Taverne anstellten und es mit allerlei Vorwänden erreichten, daß die Wirtin aufstand und sich bewegte, eine Gelegenheit, die schleunigst benutzt wurde, um mit Kennerblick die Linien ihrer übermäßig geschnürten Taille abzuschätzen.

«Es stimmt!» sagten die einen triumphierend zu ihren Nachbarinnen.

«Es stimmt nicht!» schrien andere.

Neleta, die die Ursache dieses eifrigen Kommens und Gehens erriet, begrüßte die Neugierigen mit ironischem Lächeln.

«Muß es bei mir schön sein! Welche Fliege hat euch denn gestochen, daß ihr nicht vorbeigehen könnt, ohne nach mir zu sehen? Man könnte wirklich meinen, bei mir sei ein Ablaß für ein ganzes Jahr zu gewinnen!»

Aber diese freche Lustigkeit, mit der sie den Gevatterinnen trotzte, verflog, sobald sie nach einem langen Tag von erstickter Qual und erkünstelter Heiterkeit die Taverne schloß. Mit dem Ablegen ihres Fischbeinpanzers verging ihr urplötzlich der Mut, wie einem Soldaten, der bei einer heroischen Anstrengung sich übernahm und erschöpft zusammenbricht. Sie wurde verzagt bei dem Blick auf ihren schwellenden Leib und bei dem Gedanken an die Marter des nächsten Tages.

«Ich kann nicht mehr!»

So sprach sie, die Starke, die Energische, zu Tonet im Schweigen der Nächte – nicht mehr Nächte der Liebe, sondern der Beklemmung und peinlichen Zwiesprache. Verfluchte Gesundheit! Wie beneidete sie die kränklichen Frauen, in deren Schoß niemals Leben keimte!

In solchen Momenten des Kleinmuts redete sie davon zu fliehen, ihrer Tante die Taverne anzuvertrauen, sich in ein abseits liegendes Viertel Valencias zu flüchten, bis sie aus ihrer fatalen Lage befreit würde. Doch die Überlegung ließ sie sofort das Nutzlose solcher Flucht sehen. Das Bild der Samaruca tauchte vor ihr auf: Fliehen hieß, das, was man bisher nur vermutete, zur Gewißheit stempeln! Wohin konnte sie gehen, ohne daß ihr die grimmige Schwägerin Cañamels folgte? Wie sollte es im Dorf nicht auffallen, wenn gerade sie, die ihre Interessen mit solchem Eifer wahrnahm, jetzt, kurz vor dem Beginn der Reisernte, eine Reise ohne triftigen Grund angetreten hätte?

Sie mußte bleiben; sie mußte der Gefahr ins Auge sehen! Harrte sie auf ihrem Platz aus, so durfte sie hoffen, weniger beobachtet zu werden. Doch mit Entsetzen dachte sie an die Entbindung, dieses schmerzhafte Mysterium, das ihr, weil es für sie in das Dunkel des Unbekannten gehüllt war, noch grausiger erschien. Diese Angst suchte sie zu vergessen, indem sie so viel Zeit wie eben möglich den Erntearbeiten widmete, mit den Schnittern wegen des Taglohns feilschte und Tonet schalt, der in ihrem Auftrag die Arbeiter überwachte, aber in seinem Boot stets Cañamels Flinte sowie die treue Centella mitnahm und sich mehr damit beschäftigte, Federwild zu schießen, als die Reisgarben zu zählen.

Bisweilen räumte sie den Platz am Schanktisch ihrer Tante ein und wanderte zur Tenne, einer Plattform von hartgestampftem Lehm, die sich inmitten des ihre Felder umspülenden Wassers erhob. Diese Ausflüge brachten ihrer Pein ein wenig Linderung.

Hinter Garbenbündeln verborgen, riß sie ihr Korsett auf und setzte sich neben Tonet auf den riesigen Haufen von Reisstroh. Zu ihren Füßen gingen die Pferde rundum bei der monotonen Drescharbeit, vor ihnen dehnte sich die ungeheure grüne Metallplatte der Albufera, in der sich die roten und bläulichen Berge des Horizonts umgekehrt widerspiegelten.

Hier fühlten sich die beiden glücklicher als in dem verschlossenen Schlafzimmer, dessen Dunkel sich mit Schreckgespenstern bevölkerte. Die Wasser des Sees lächelten süß, während er die jährliche Ernte hergab, die sein Schoß getragen hatte; die Lieder der Schnitter und der Mannschaften in den großen, mit Reis beladenen Barken schienen die Mutter Albufera zärtlich einzuwiegen nach dieser Geburt, die das Leben ihrer Söhne sicherte.

Die heitere Ruhe besänftigte auch Neletas erregten Charakter. An den Fingern zählte sie die Monate ab und rechnete den Zeitpunkt ihrer Entbindung aus. Schon sehr bald mußte das peinliche Ereignis eintreten, das ihr Schicksal ändern konnte, im kommenden Monat, im November. Vielleicht gerade dann, wenn auf dem See die großen Jagden von San Martin stattfanden. Bei dieser Berechnung erinnerte sie sich, daß noch kein Jahr seit Cañamels Tod verstrichen war, und in ihrer unbewußten Perversität, begierig, Genuß und Leben in Übereinstimmung zu bringen, bedauerte sie, daß sie sich Tonet nicht bereits Monate früher hingegeben habe. Ohne Bedenken hätte sie ihre Schwangerschaft zeigen können, indem sie die Vaterschaft des Kindes dem Ehemann zuschob. Eine schwache Hoffnung keimte auf. «Tonet, wer weiß, ob das Kind, nachdem ich so viel Schreckliches erlitten habe, nicht tot zur Welt kommt? Es wäre nicht das erste Mal, daß so etwas geschieht.»

Und das Paar, eingelullt in diese Illusion, sprach von dem totgeborenen Kind wie von etwas absolut Sicherem, Unvermeidlichem, während Neleta die Bewegungen in ihrem Leib belauschte, ganz glücklich, wenn das kleine, dort verborgene Wesen kein Lebenszeichen gab.

«Kein Zweifel, Tonet! Es wird sterben! Das Glück, das mir stets zur Seite stand, wird mich nicht im Stich lassen.»

Das Ende der Ernte lenkte sie von diesen Gedankengängen ab. Die vollen Säcke türmten sich in der Taverne. Der Reis füllte alle Zimmer, häufte sich neben dem Schanktisch, wo er den Gästen den Platz streitig machte, ja, nahm sogar die Ecken von Neletas Schlafzimmer für sich in Anspruch. Sie war begeistert über den Reichtum, den die Säcke einschlossen, war trunken vor Freude über den scharfen Geruch des Reisstaubes, den ihre Nase wollüstig einsog. Und die Hälfte von diesem Schatz hätte der Samaruca gehören können! Der Gedanke allein genügte, um Neleta ihre ganze Stärke zurückzugeben.

«Dieses Verheimlichen ist eine unerhörte Marter, aber eher sterben als mich plündern lassen!»

Es tat not, solche energischen Entschlüsse zu fassen. Ihr Zustand verschlimmerte sich; die Füße schwollen an. Sie hatte den unwiderstehlichen Wunsch, sich nicht zu rühren, im Bett zu bleiben, und nichtsdestoweniger stieg sie jeden Tag die Treppe hinunter zu ihrem Platz am Schanktisch, denn der Vorwand einer Krankheit konnte dem Argwohn ihrer Feinde neue Nahrung geben. Ihre Bewegungen waren langsam, wenn sie eine Bestellung ihrer Gäste zum Aufstehen nötigte, und ihr gezwungenes Lächeln war nichts als eine schmerzliche Verzerrung, die Tonet frösteln ließ. Die Taille, wie in einen Schraubstock eingezwängt, schien den starken Fischbeinpanzer sprengen zu wollen.

«Ich kann nicht mehr!» ächzte sie verzweifelt beim Auskleiden und warf sich, das Gesicht nach unten, aufs Bett.

Vor ihr reckte sich ein drohendes Gespenst. Und wenn das Kind nicht tot zur Welt kam? Neleta war dessen nur zu sicher; sie fühlte, wie es sich in ihrem Innern mit einer Kraft bewegte, daß ihre sündhafte Hoffnung in Nichts zerfloß.

Die Rebellion der Habgierigen, die unfähig ist, ihren Fehltritt zum Schaden ihres Vermögens zu bekennen, ließ in ihr den verwegenen Entschluß der großen Verbrecher reifen.

«Tonet, unmöglich können wir das Kind einer Frau in irgendeinem entlegenen Dorf der Albufera in Pflege geben. Wir müßten ständig unbedachtsame Äußerungen der Amme fürchten, dann aber auch die Verschlagenheit unserer Feinde, ja, möglicherweise unsere eigene Unvorsichtigkeit, vielleicht würden wir das Kleine liebgewinnen und so uns selbst dann eines Tages die Entdeckung verdanken.»

Neleta überlegte, den Blick auf die aufgestapelten Reissäcke geheftet, mit grauenerregender Kaltblütigkeit.

«Ebensowenig dürfen wir daran denken, das Kind in Valencia zu verbergen. Wenn Samaruca einmal auf der Spur ist, wird sie die Wahrheit selbst in der Hölle suchen!»

Die Wirtin wandte die grünen Augen, denen die körperliche Qual und das Bewußtsein der Gefahr einen halbirren Ausdruck gaben, nach ihrem Geliebten.

«Wir müssen das Kind sofort nach seiner Geburt aussetzen», fuhr sie fort, «auf jeden Fall! Hab Mut! In der Gefahr erkennt man den Mann. Du bringst es nachts nach Valencia und läßt es da in einer Straße, an einer Kirchentür, irgendwo. Valencia ist groß. Da soll einer erraten, wer die Eltern sind!»

Nachdem sie das Verbrechen vorgeschlagen hatte, suchte die unerbittliche Frau nach Entschuldigungen für ihre Grausamkeit.

«Kann man wissen, ob es nicht ein Glück für das Kind ist, daß wir es aussetzen? Wenn es stirbt, so ist's für alle das beste. Und wenn es am Leben bleibt – wer weiß, in welche Hände es fällt! Vielleicht erwartet es Reichtum, erstaunlichere Dinge hat es doch schon gegeben!»

Und als Bekräftigung ihrer Worte frischte sie die Geschichten aus ihrer Kindheit wieder auf, in denen im Wald ausgesetzte Bankerte von Schäferinnen, anstatt durch die Wölfe zerrissen zu werden, zu Glanz und Macht aufstiegen. Tonet hörte sie voller Entsetzen an. Er versuchte sich aufzulehnen, aber Neletas Blick lähmte seinen stets zu schwachen Willen. Auch fühlte er selbst wieder den Stich der Habgier: Teilen? Neletas Vermögen den Feinden ausliefern? In seiner Ratlosigkeit schloß er die Augen und vertraute der Zukunft.

«Nur nicht verzweifeln, Neleta! Ich werde schon alles in Ordnung bringen. Es kann ja im letzten Moment noch irgendeine Hilfe nahen.»

Er genoß die momentane Ruhe, ließ die Tage kommen und gehen, ohne noch weiter an die verbrecherische Absicht zu denken.

Die Taverne war jetzt sein einziges Heim. Der Vater hatte mit ihm nach einem kurzen, schmerzlichen Wortwechsel gebrochen.

«Was du tust, Tonet, entehrt die Palomas. Ich kann nicht dulden, daß ein Mann, der auf Kosten einer Frau lebt, ohne mit ihr verheiratet zu sein, sich mein Sohn nennt. Wenn du uns nicht in unserer Arbeit unterstützen willst, wenn du die Schande vorziehst – deine Sache! Aber wir kennen uns nicht mehr. Den Vater hast du verloren!»

Die Zeit der großen Jagden, der Feste von Saler, war gekommen.

In allen Zusammenkünften der Kahnfischer sprach man mit Begeisterung von der außergewöhnlichen Menge Federwild, die es in der Albufera gab. Die Jagdhüter, die von fern die Röhrichtinseln beobachteten, an denen sich die Krickenten sammelten, berichteten, wie ihre Zahl rapide zunahm. Große schwarze Flecken bildeten sie auf dem Wasser. Kam ein Boot in ihrer Nähe vorbei, so hoben sie die Flügel und flogen in dreieckigem Schwarm ein wenig weiter, um sich von neuem wie eine Wolke von Heuschrecken niederzulassen, hypnotisiert von dem Gefunkel des Sees und unfähig, diese blinkenden Wasser aufzugeben, wo der Tod sie erwartete.

Die Nachricht von den glänzenden Jagdaussichten hatte sich in der ganzen Provinz verbreitet, so daß man auf eine stärkere Beteiligung als sonst rechnete.

Die große Jagd in der Albufera setzte alle valencianischen Flinten in Bewegung. Es waren uralte Feste, über deren Entstehen der alte Paloma sich informiert hatte, als die Archive der Fischereigenossenschaft sich in seinem Gewahrsam befanden.

«Als die Albufera den Königen von Aragon gehörte und nur die Monarchen hier jagen durften», erzählte er beim Wein seinen Freunden, «wollte der König Don Martin den Bürgern von Valencia einen Festtag gewähren und bestimmte als solchen den Tag seines Namenspatrons. Jedermann durfte sich an diesem Tag auf dem See tummeln, um mit der Armbrust das Federvieh zu erlegen.»

Dieses Privileg hatte sich Jahrhunderte hindurch erhalten. Heute jedoch gab es vor dem Abschuß zwei Tage, an denen man von den Pächtern des Sees das Recht kaufen konnte, sich einen Platz nach Belieben zu wählen. Und aus allen Städten und Dörfern der Provinz, ja selbst aus Madrid, eilten die Jäger herbei.

Es fehlte sowohl an Booten wie an Bootsführern. Der alte Paloma, allen Nimrods durch Jahre bekannt, wußte nicht, wie er die vielen Begehren zufriedenstellen sollte. Er selbst war seit langer Zeit von einem reichen Herrn verpflichtet, der die Erfahrung des Alten und seine Kenntnis der Albufera generös bezahlte. Nichtsdestoweniger wandten sich auch andere Jäger an diesen Patriarchen der Kahnfischer, und der Greis rannte kreuz und quer auf der Suche nach Fahrzeugen und Führern für alle, die ihm von Valencia schrieben.

Am Tag vor der Jagd sah Tonet seinen Großvater die Taverne betreten und auf sich zukommen.

«Hör, Tonet! Dieses Jahr wird es in der Albufera mehr Flinten als Vögel geben. Und jetzt, nachdem alle Fischer von Saler, Catarroja und Palmar engagiert sind, bittet mich ein alter Gönner, dem ich nichts abschlagen kann, für einen seiner Freunde, der zum erstenmal an der Jagd teilnimmt, um ein Boot mit Führer. Willst du den Posten übernehmen und mir dadurch aus einer großen Verlegenheit helfen?»

«Nein!» sagte der Kubaner kurz.

Neleta hatte vormittags den Schanktisch verlassen müssen, weil sie die Schmerzen nicht zu ertragen vermochte. Vielleicht konnte der so gefürchtete Augenblick sehr schnell eintreten – wie durfte er also daran denken, die Taverne zu verlassen?

Der Alte aber faßte diese lakonische Weigerung als ein Zeichen von Mißachtung auf. Wütend tobte er los:

«Weil du jetzt reich bist, erlaubst du dir, deinen armen

Großvater wie Dreck zu behandeln? Alles habe ich geduldet, selbst deine unverschämte Faulheit beim Fang in der Sequiota! Und zu deinen Beziehungen zu Neleta, die den Ruf der Familie schädigen, machte ich die Augen zu! Aber mich in der Klemme sitzenlassen, wo es sich um eine Ehrensache handelt! Cristo! Was sollen meine Freunde in Valencia sagen, wenn ich, den sie als Herrn der Albufera ansehen, ihnen nicht einen einzelnen Mann stellen kann?» Seine Niedergeschlagenheit spiegelte sich so deutlich in den alten verwitterten Zügen, daß Tonet Reue empfand. Ihm bei den großen Jagden die Hilfe verweigern, bedeutete für Paloma eine Verhöhnung seines Prestiges und gleichzeitig etwas wie Verrat gegen dieses Land von Schilf und Schlamm, wo sie beide geboren waren.

Resigniert gab der Kubaner nach. Ein wenig tröstete ihn der Gedanke, daß möglicherweise Neleta auch diesmal, wie schon häufiger in der letzten Zeit, nur durch vermeintliche Wehen alarmiert wurde.

Beim Einbruch der Nacht langte Tonet in Saler an, um als Bootsführer pflichtgemäß an der Seite seines Jagdherrn der Sitzung beizuwohnen, in der die Plätze zur Verteilung kamen.

Das Dorf Saler, in ziemlicher Entfernung vom See am Ende eines Kanals gelegen, zeigte außergewöhnliches Leben.

In der kleinen Bucht des Kanals, die man den Hafen nannte, lagen zu Dutzenden die schwarzen Fahrzeuge, so dicht gedrängt, daß die dünnen Bordwände knirschend aneinanderscheuerten. Sie bebten unter der Last der riesigen Holzbütten, die am nächsten Tag auf den schon im See eingerammten Pfählen befestigt werden sollten. In diesen Trögen versteckt, lauerten die Jäger auf ihr Wild.

Zwischen den Häusern von Saler hatten wackere Mädchen aus Valencia ihre mit gerösteten Kichererbsen und schimmeligem Mandelkuchen beladenen Tische aufgestellt, über die Kerzen in bunten Papiertüten ihr Licht ergossen, während die Frauen des Dorfs an den Türen der niedrigen Hütten mit dampfenden Kannen hantierten, um «Kaffee mit Schuß» zu verkaufen, bei dem der Rum meist vorherrschte.

Ein ungeheures Menschengewühl verstopfte die Straßen, und jeden Augenblick brachten Wagen und Kutschen noch Nachzügler aus der Stadt. Außer Bürgern Valencias, wie Cowboys in hohen Gamaschen und breitkrempigen Filzhüten, die sich wichtig in einer Bluse mit zahlreichen Taschen blähten und voller Stolz das gelbe Lederfutteral mit der Flinte zur Schau trugen, sah man auch reiche Bauern aus den Provinzdörfern in bunten Mantas, die Patronentasche am Gürtel, alle aber mit einem Tuch um den Kopf. Teils trugen sie es in Form einer Mitra, teils zu einem Turban zusammengerollt; und wieder andere ließen die Zipfel lang auf den Hals herunterflattern, so daß jeder durch seinen Kopfschmuck den valencianischen Winkel kundgab, aus dem er gekommen war.

Die Waffe machte alle Schützen gleich. Sie schwatzten von dem englischen Pulver, von den belgischen Flinten, von den Vorzügen der hahnlosen Jagdgewehre und schwelgten mit der Wildheit der Mauren in der Vorfreude des Pulverrauchs. Ihre Hunde, große, kluge Tiere, gingen von Gruppe zu Gruppe, schnüffelten an den Händen und Hosen der Jäger, um dann unbeweglich neben ihren Herren zu verharren. Eifrig, wie es sich für Festtage gebührt, bei denen man den Lebensunterhalt für einen Teil des Jahres verdient, kochten und brieten derweil die Frauen in den Hütten, die sich sämtlich in Herbergen verwandelt hatten.

Tonet war bis zum «Haus der Infanten» gekommen, einem einstöckigen Gebäude aus Stein, dessen hohes Ziegeldach mehrere Luken durchbrachen. Seitdem die Jäger aus königlichem Geblüt die Albufera nicht mehr aufsuchten, zerfiel dieser Bau aus dem 18. Jahrhundert langsam und wurde augenblicklich sogar als Taverne benützt. Schräg gegenüber stand die Demaná, mit ihren zwei Stockwerken wie ein Gigant die Hütten überragend, gekrönt von einem Turm, dessen Glocke die Jäger zur Sitzung rief.

Hier trat Tonet ein und warf einen Blick in den unteren Saal, wo die Feierlichkeit stattfinden sollte. Das trübe Licht einer riesigen Laterne blinzelte über den Tisch und die Sessel auf dem Podium, das ein eisernes Gitter vom übrigen Raum abtrennte.

Mitten im Saal scherzte der alte Paloma mit einer Schar fanatischer Liebhaber der Albufera, die ihm seit einem halben Jahrhundert bekannt waren. Eine Aristokratie der Flinte: Reiche und Arme, Großgrundbesitzer, städtische Metzger und kleine Bauern. Sie sahen sich weder den Rest des Jahres, noch suchten sie irgendeinen Verkehr miteinander; trafen sie sich aber hier gelegentlich der großen Jagden, so herrschte unter ihnen eine brüderliche Kameradschaft; sie boten sich Tabak an, halfen sich mit Patronen aus und lauschten, ohne mit der Wimper zu zucken, wenn einer von ihnen ganz wunderbare Jagderlebnisse zum besten gab, die er während des Sommers in den Bergen erlebt haben wollte.

Die Unterhaltung wurde durch das Kommen der Bootsführer unterbrochen, die ihre Jagdherren zum

Abendessen abholten. In kleinen Gruppen verließen sie den Saal, um sich hier und dort auf die Hütten zu verteilen, deren Herdfeuer das rote Viereck ihrer Tür auf die Dorfstraße zeichnete.

Die Jäger, aus Angst vor Fieber dem Wasser der Albufera nicht trauend, führten ganze Ladungen von Absinth und Rum mit sich, und sobald die Flaschen entkorkt wurden, durchzog die Luft das scharfe Aroma der Schnäpse.

Noch im Saal hatte der alte Paloma Tonet seinem Jagdherrn vorgestellt. Der korpulente Herr mit der gutmütigen, friedlichen Miene war ein Industrieller aus Valencia, der nach einem Leben der Arbeit es an der Zeit hielt, sich wie ein reicher Mann zu vergnügen. Seine Ausrüstung – Jagdtasche, Flinte, hohe Wasserstiefel, alles funkelnagelneu – schien ihn zu belästigen. Aber wenn sein Blick auf den Patronengurt fiel, der als Bandelier* quer über seine Brust hing, lächelte er sanft unter dem enormen Filzhut und verglich sich in Gedanken mit berühmten Wildwesthelden der illustrierten Zeitschriften. Da er zum erstenmal auf dem See jagte, verließ er sich auf Tonets Erfahrung und bat ihn, beim Aufruf einen guten Platz zu wählen.

Alle drei aßen mit Freunden des dicken Valencianers in derselben Hütte zu Abend. Es ging laut zu, wie immer bei solchen Gelegenheiten. Der Rum wurde aus Wassergläsern getrunken, und um den Tisch herum standen wie hungrige Hunde die Einheimischen, lachten über die Witze der Herren, schluckten gierig, was man ihnen anbot, und tranken jeder für sich allein eine Ration, von der die Jäger geglaubt hatten, daß sie für alle ausreichte.

Tonet rührte das Essen kaum an. Wie in einem Traum

* Schulterriemen.

hörte er das Schreien der Dörfler und den lustigen Widerspruch, mit dem sie das Jägerlatein ihrer Gäste aufnahmen. Er dachte an Neleta, sah sie sich in dumpfem Stöhnen auf dem Boden des Schlafzimmers krümmen, ohne zur Erleichterung ihrer Pein schreien zu dürfen.

Es läutete vom Turm der Demaná, dünn und zitternd wie das Glöckchen eines Eremiten.

«Zweimal», sagte der alte Paloma, der andächtig die Anzahl der Schläge zählte, denn lieber hätte er eine Messe versäumt, als daß er zur Sitzung zu spät gekommen wäre.

Beim dritten Läuten sprang alles auf und eilte zum Saal, wo das Licht der Laterne inzwischen durch zwei Lampen auf der Estrade noch vermehrt worden war.

Hinter dem Gitter saßen die Pächter der Albufera, zwischen ihnen und der rückwärtigen Wand die lebenslänglich abonnierten Jäger, die allein das Recht auf diesen Ehrenplatz zu beanspruchen hatten. Jenseits des Gitters drängten sich bis auf die Straße hinaus die Bootsführer, die weniger bemittelten Jäger und all das kleine Volk, das die Jagden herbeilockte. Ein Geruch von feuchter Wolle, Branntwein und billigem Tabak schwebte über der Versammlung. Aus dem Dunkel, um das die große, weitgeöffnete Tür ihren Rahmen spannte, hoben sich Flecken von unbestimmter Färbung ab: die hellen Fassaden der benachbarten Hütten.

Trotz der Überfüllung im Saal störte nichts das Schweigen, dessen sich jeder befleißigte, sobald er die Schwelle überschritt. Wenn jemand ein paar Worte fallenließ, so tat er es leise, zaghaft flüsternd wie in einem Krankenzimmer.

Der Hauptpächter erhob sich:

«Caballeros...»

Es wurde noch stiller. Die Wahl begann.

Zu beiden Seiten des Tisches standen, Herolde der Macht des Sees, feierlich und starr die beiden ältesten Jagdhüter der Albufera, zwei dürre, sonnenverbrannte Männer. Einer von ihnen rief jetzt die Liste auf, um festzustellen, ob sämtliche Stände bei der morgigen Jagd besetzt sein würden.

«Der Eins! Der Zwei!»

Nach der Höhe ihrer jährlichen Zahlungen und nach ihrer Anciennität waren alle in diese Liste eingereiht. Die Bootsführer, die die Zahl ihres Jagdherrn aufrufen hörten, antworteten für diesen:

«Weiter!»

Nunmehr kam der große Moment, die Demaná, die Forderung des Standorts, die jeder Bootsführer im Einverständnis mit seinem Jagdherrn oder nur auf Grund eigener Erfahrung abgab.

«Der Drei!» sagte einer der Jagdhüter.

Und sofort nannte der Inhaber dieser Zahl den Platz, den er sich erwählt hatte. «Das Dickicht Gottes», «Die verfaulte Barke», «Der Winkel der Antina!» So vernahm man alle die Namen dieser bizarren Geographie der Albufera, und manchmal waren es gar derbe Bezeichnungen, mit denen die Laune der Fischer die verschiedenen Stellen des Sees belegt hatten. Aber wer hätte hier über sie zu lächeln gewagt?

Sobald der zweite Jagdhüter, dessen Stimme wie eine Posaune schmetterte, den Namen des Reviers vernommen hatte, warf er seinen Kopf hoch, um mit geschlossenen Augen, die Hände auf das Gitter gestützt, in die Nacht hinauszubrüllen:

«Der Drei geht zum Dickicht Gottes. Der Vier geht zur

Ecke des Heiligen Rochus. Der Fünf zum Kack des Barbiers.»

Eine Stunde dauerte die Verteilung, die ein Junge, die Leuchte der Dorfschule, in ein großes Buch eintrug.

Hieran schloß sich die Erteilung der Jagderlaubnis an die kleinen Leute, denen eine Zahlung von zwei Duros das Recht gab, den ganzen See, allerdings in gewisser Entfernung von den Standorten der Reichen, zu befahren und alles, was deren Flinten entkam, abzuschießen.

Mit Händedruck verabschiedeten sich die Jäger. Manche, die erst beim Morgengrauen ihre Plätze aufsuchen wollten, verbrachten die Nacht in Saler, während die Heißsporne sofort zum See aufbrachen, um persönlich das Aufstellen der enormen Bütte zu beaufsichtigen, die sie am morgigen Tag beherbergen würde.

Tonet befand sich schon nicht mehr in Saler. In dem tiefen Schweigen der Demaná hatte ihn eine entsetzliche Angst ergriffen, Angst um Neleta, der niemand zur Seite stand. Unauffällig war er aus dem Saal geschlichen, entschlossen, unverzüglich nach Palmar zurückzukehren, mochte es darob zu noch so erbitterten Auseinandersetzungen mit dem Großvater kommen.

Nahe beim Haus der Infanten rief in dem Dunkel der Nacht jemand seinen Namen – Sangonera! Ein hungriger und durstiger Sangonera, der vergeblich die Tische der reichen Jäger umkreist hatte. Alles verschlangen die scharfen Zähne der Dörfler!

Tonet durchzuckte eine Idee. Konnte er sich nicht durch Sangonera vertreten lassen? Aber dieser Sohn des Sees geriet außer sich darüber, daß man ihm vorschlug, ein Boot zu führen, was ihn schlimmer dünkte, als wenn der Vikar ihn beauftragt hätte, die Sonntagspredigt zu halten.

«Dazu tauge ich nicht. Staken? Für niemanden auf der Welt! Außerdem kennst du meine Ansicht: Arbeit ist Teufelswerk.»

Doch der ungeduldige, von Angst gemarterte Tonet war nicht in der Laune, Sangoneras Blödsinn anzuhören.

«Kein Widerwort!» herrschte er ihn an. «Oder du fliegst in den Kanal. Wie gut du das Staken verstehst, wenn es sich darum handelt, deine Finger in fremde Netze zu stecken und Aale zu stehlen! Deinen hungrigen Magen kannst du morgen vollstopfen wie noch nie, denn mein Jagdherr aus Valencia hat massig Proviant bei sich.»

Als er sah, daß Sangoneras Weigerung durch diese Aussicht ins Wanken geriet, brachte er ihn mit einigen rücksichtslosen Stößen zum Boot des Valencianers, wo er ihm die Obliegenheiten des nächsten Tages auseinandersetzte.

«Wenn der Herr kommt, so bestellst du, daß ich erkrankt wäre und du als Ersatz für mich einträtest.»

Bevor noch der verblüffte Sangonera Zeit fand zu mucksen, stand Tonet schon auf seinem Nachen und stakte mit der Energie der Verzweiflung heimwärts.

Die Fahrt war lang, die ganze Albufera zu durchkreuzen – und das ohne Wind! Doch die Angst, die Ungewißheit spornte ihn an, und wie ein flinkes Weberschiffchen sauste sein kleines Boot über den dunklen Stoff, den die leuchtenden Pünktchen der Sterne sprenkelten.

Nach Mitternacht legte er in Palmar an, erschöpft, die Arme zerbrochen durch diese irrsinnige Fahrt. Wenn doch nur Ruhe herrschen möchte in der Taverne, damit er wie ein Klotz ins Bett fallen könnte!

Als er das Boot gegenüber dem Haus festmachte, sah er, daß es wie alle anderen im Dorf verschlossen und still dalag; aber durch die Ritzen der Tür sickerten dünne Lichtfäden.

Neletas Tante, die ihm öffnete, gab ihm sogleich ein Zeichen, vorsichtig zu sein, wobei sie nach einigen Männern am Ofen hinschielte: Bauern von Sueca, alte Stammgäste, denen man das Bleiben nicht verwehren konnte, ohne sie stutzig zu machen. Sie hatten in der Taverne zu Abend gegessen und erwarteten die Morgendämmerung, um von der Jagd zu profitieren.

Tonet begrüßte sie und plauderte noch ein Weilchen mit ihnen, ehe er nach Neletas Schlafzimmer hinaufstieg.

Er fand sie auf ihrem Bett, bleich, das Gesicht entstellt. Einen irren Ausdruck in den Augen, preßte sie beide Hände auf ihre Lenden. Der Schmerz ließ sie alle Vorsicht vergessen, und sie stöhnte so laut, daß die Tante erschrak.

«Sie werden dich hören!» mahnte sie, und Neleta stopfte sich eine Faust in den Mund oder biß in die Bettlaken, um ihr Ächzen zu ersticken.

Tonet wurde von der Alten wieder nach unten geschickt.

«Hier kannst du doch nicht helfen. Unterhalte lieber die Gäste, damit sie nicht achtgeben auf das, was hier oben vorgeht.»

Der Kubaner gehorchte. Über eine Stunde wärmte er sich an der Glut im Ofen und sprach mit den Bauern über ihre Ernte und die glänzenden Aussichten für die Jagd am nächsten Tag. Aber einmal brach die Unterhaltung brüsk ab. Alle hörten einen durchdringenden Schrei, einen Schrei so wild, wie ihn ein Mensch unter Mörderhänden ausstößt. Doch Tonets Gleichgültigkeit beruhigte sie.

«Die Patronin fühlt sich nicht wohl», sagte er leichthin.

Ohne auf die eiligen Schritte zu achten, unter der die

Decke über ihren Köpfen erzitterte, unterhielten sie sich weiter. Aber erst als die Mehrzahl, vom Schlaf übermannt, mit dem Kopf nickte, getraute sich Tonet, die Treppe wieder hinaufzusteigen.

Oben lag Neleta weiß wie Kalk, regungslos, ohne anderes Lebenszeichen als das Blitzen ihrer Augen.

«Tonet, Tonet!» flüsterte sie.

Aus ihrer Stimme, aus ihrem Blick erriet er, was sie sagen wollte. Es war ein Auftrag, der Befehl eines unbeugsamen Willens. Diesen grausamen Entschluß, der Tonet so oft entsetzt hatte, bekundete Neleta jetzt von neuem, mitten in ihrer ohnmächtigen Schwäche, nach einer Krisis, die sie aufgerieben hatte. Sie sprach langsam, kaum vernehmbar, eine Stimme wie ein ferner Seufzer.

«Der schlimmste Augenblick ist vorbei, jetzt ist die Reihe an dir. Laß sehen, daß du Courage hast.»

Die an allen Gliedern zitternde Tante, die vollkommen den Kopf verloren hatte, reichte Tonet, ohne recht zu wissen, was sie tat, ein Wäschebündel, in dem sich etwas Schmutziges, Übelriechendes, etwas von bläulichroter Farbe bewegte.

Als Neleta das Neugeborene so nahe bei sich sah, erstarrte ihr Gesicht.

«Ich will es nicht sehen!» keuchte sie vor Angst, daß die Mutter in ihr erwachen könnte.

«Tonet, bring es weg, sofort!»

Der Kubaner gab der Tante schnell seine Anweisungen und stieg die Treppe hinunter zum Lokal, wo die Bauern längst schnarchten. Er verließ das Haus, und durch ein Fenster im Erdgeschoß, das zum Kanal ging, empfing er aus den Händen der Tante das kleine Paket.

Sobald sich das Fenster wieder geschlossen hatte und

Tonet allein in der Finsternis stand, schwand sein ganzer Mut. Ihm graute vor diesem Bündel Leinen und weichem Fleisch unter seinem Arm. Eine seltsame Nervosität schärfte seine Sinne. Er hörte alle, selbst die unbedeutendsten Geräusche vom Dorf. Und die Sterne, färbten sie sich nicht rot? Der Wind schüttelte einen verkrüppelten Olivenbaum neben der Taverne, und das Rauschen der Blätter ließ Tonet fortrennen, als wäre das ganze Dorf erwacht, als forschte ein jeder, was er unter dem Arm trüge.

Er glaubte, daß Samaruca, stutzig geworden durch Neletas Fehlen am Schanktisch, wie früher mit ihren Verwandten die Taverne umschliche, er bildete sich ein, daß die entsetzliche Hexe am Kanalufer auftauchen würde. Ah, wenn man ihn mit diesem Bündel anträfe!

Erbarmungslos warf er das Paket, aus dem ein klägliches Schreien hervorzudringen anhub, in sein Boot, und zur Stange greifend hetzte er mit toller Eile durch den Kanal. Wie ein Verrückter stakte er, aufgepeitscht durch das Jammern des Neugeborenen, in ständiger Furcht, die Fenster der Hütten sich erleuchten zu sehen und von neugierigen Schatten nach dem Zweck und Ziel seiner Fahrt befragt zu werden. Schnell blieben die stillen Häuschen Palmars hinter ihm. Er fuhr in die Albufera ein.

Der Frieden des Sees, das Halbdunkel einer Sternennacht schien ihm seine Ruhe zurückzugeben. Über ihm der tiefblaue Himmel, zu seinen Füßen die schimmernde Flut, von mysteriösen Schauern bewegt, die den Reflex der Sterne erzittern ließen. Im Röhricht zirpten Vögel; das Wasser murmelte beim Schwanzschlag der sich verfolgenden Fische. Und in diese Geräusche mischte sich dann und wann die jämmerliche Klage des Kindes.

Ganz zermürbt durch diese Nacht unablässiger Fahrten, stakte Tonet sein leichtes Boot weiter in der Richtung nach Saler. Sein Körper war am Versagen, doch das Hirn war wach und arbeitete rascher als die Arme.

Er befand sich schon weit entfernt von Palmar, trotzdem aber beanspruchte der Weg bis Saler noch mehr als eine Stunde. Und von dort bis Valencia zwei weitere Stunden. Tonet blickte zum Himmel, es mußte drei Uhr sein. In zwei Stunden kam die Morgendämmerung, und die Sonne würde am Horizont stehen, wenn er die Stadt erreichte. Nicht ohne Sorge dachte er auch an den langen Marsch durch die ständig von Gendarmen überwachte Huerta von Ruzafa, an die städtischen Steuerbeamten am Eingang von Valencia, die auf einer Besichtigung des Pakets bestehen würden, an die Frühaufsteher, unter denen vielleicht Bekannte waren. Und dazu dieses durchdringende Schreien, das, stärker und stärker werdend, selbst mitten in der Einsamkeit der Albufera eine Gefahr für ihn bedeutete.

Vor sich sah er einen Weg sich endlos hinziehen, und er fühlte, daß die Kräfte ihn verließen. Nie würde er bis zu jenen frühmorgens noch leeren Straßen gelangen, nie bis zu den Kirchenportalen, wo man ein Kind wie einen lästigen Pack zurückläßt. Es war leicht, in dem stillen Schlafzimmer in Palmar zu sagen: «Tonet, tu es»; aber die Wirklichkeit schickte sich dann an, unüberwindliche Hindernisse zu errichten.

Selbst auf dem See wuchs zeitweise die Gefahr. Sonst konnte man nachts von einem Ufer zum anderen steuern, ohne jemandem zu begegnen; doch in dieser Nacht war er voller Leben. Aus jedem Röhricht, aus jedem Gestrüpp vernahm man die Arbeit unsichtbarer Menschen.

Eine ganze Bevölkerung kam und ging in der Dunkelheit auf schwarzen Kähnen. In dem Schweigen der Albufera, die die Geräusche bis zu erstaunlichen Entfernungen forttrug, dröhnten Hammerschläge zum Einrammen der Pfähle, und wie rote Sterne blitzten an der Oberfläche des Wassers die brennenden Grasbündel, bei deren Licht die Bootsführer ihre Jagdvorbereitungen beendigten. Wie sollte er vorwärtskommen, zwischen Leuten hindurch, die ihn kannten, mit diesem weinenden Neugeborenen, dessen Klage inmitten des Sees unerklärlich erscheinen mußte? Ein Boot kreuzte seinen Kurs, in ziemlicher Entfernung, doch in Rufweite. Und ohne Zweifel verwunderte man sich über diese ungewohnten Laute, denn eine Stimme rief herüber:

«Hallo, Kamerad! Was hast denn du bei dir?»

Tonet antwortete nicht, sondern sank kraftlos am Heck des Nachens nieder. Er gab es auf, wie ein Nachzügler, der sich zu Boden wirft trotz der Gewißheit, daß er dem Feind in die Hände fallen wird. Die Angst hielt ihn ab weiterzufahren; er fühlte sich unfähig, sein Versprechen einzulösen. Mochte man ihn überraschen, mochte man alles erfahren, was geschehen war, mochte Neleta ihre Erbschaft verlieren. Er konnte nicht mehr!

Aber kaum hatte er diesen verzweifelten Entschluß gefaßt, so glomm in ihm eine Idee auf, die sein Hirn versengte. Zuerst ein zuckendes Fünkchen, dann eine glühende Kohle, dann eine lodernde Flamme, die zur Feuersbrunst wurde und seinen heißen Kopf zu sprengen drohte, während ein eiskalter Schweiß seine Stirn bedeckte.

Warum auch weiterfahren? Neleta wollte, daß dieses Zeugnis ihres Fehltritts verschwände. Welches Versteck war dafür geeigneter als die Albufera, wo so oft von der Justiz gesuchte Männer den schärfsten Verfolgungen entgingen?

Zwar zitterte er bei dem Gedanken, daß der See dieses gebrechliche Körperchen nicht lebend bewahren würde. Aber war das Leben des Kindes gesichert, wenn er es in irgendeiner Gasse der Stadt aussetzte?

«Ah, Tote kommen nicht wieder, um die Lebenden bloßzustellen!»

Und Tonet fühlte bei diesen Betrachtungen die Härte der alten Paloma in sich erwachen, die ihre Kinder ohne eine Träne sterben sahen, mit dem egoistischen Gedanken, daß ihr Tod für die Familie der Armen etwas Gutes bedeutet, weil dank ihm für die Überlebenden mehr Brot bleibt.

In einem lichten Moment schämte er sich seiner Schlechtigkeit, der Kaltblütigkeit, mit der er den Tod des kleinen Wesens in Erwägung zog, das zu seinen Füßen lag und jetzt verstummt war, wie erschöpft von dem wütenden Jammern. Einen Augenblick hatte er es in Palmar betrachtet, aber ohne die geringste Rührung empfunden zu haben. Er rief sich das blaurote Gesicht wieder in sein Gedächtnis zurück, die abstehenden Ohren, den spitzen Schädel, den enormen Mund, der sich von einem Ohr zum anderen zog: ein lächerlicher Froschkopf, der ihn kalt ließ. Und trotzdem war es sein Kind! Er dachte wieder an Neletas Vermögen und ihr Bemühen, sich diesen Besitz ungeschmälert zu erhalten. War es klug, seine glücklichen Chancen, die ihm ein faules Wohlleben ermöglichten, aufs Spiel zu setzen, um eine kleine, häßliche Kreatur, in nichts anders als alle Neugeborenen, zu schonen, bei deren Anblick sein Herz auch nicht ein bißchen schneller schlug?

Sein Schwanken war kurz. Mit der Verbrechern eigenen Blindheit, die Grausamkeit und Mut verwechselt, machte er sich Vorwürfe wegen seiner Schwäche, die ihn wie angenagelt am Heck festhielt, während die Zeit verging.

Die Dunkelheit lichtete sich mehr und mehr; man ahnte den Anbruch des Tages. Am grauen Morgenhimmel glitten gleich fortlaufenden Tintentropfen ein paar Vogelschwärme vorbei. Weit fort, nach Saler zu, klangen die ersten Schüsse. Von Hunger und Morgenkälte gequält, begann das Kind von neuem zu wimmern.

«Kubaner, bist du es?»

Tonet glaubte von einem fernen Boot diesen Ruf zu hören. Und die Furcht, entdeckt zu werden, brachte ihn auf die Füße. In seinen Augen blitzte ein Fünkchen, ähnlich dem, das manchmal in den grünen Augen Neletas aufglimmte. Er stakte sein Boot ins Röhricht, zwängte sich in die schmalen Wasserarme, die sich kreuz und quer hindurchschlängelten. Von einem Dickicht jagte er ins andere. Der Bug seines Nachens schob Binsen und Schilf beiseite, knickte das widerstrebende Rohr, um sich Bahn zu brechen, und bisweilen ließen die irrsinnigen Stöße ihn knirschend auf trockenem Grund über dicke Wurzeln rutschen.

Tonet floh, ohne zu wissen vor wem. Mehrere Male beugte er sich zum Boden des Boots, streckte die Hand aus nach dem Leinwandpaket und zog sie sofort wieder zurück. Aber als das Boot mit einem Ruck in einem dicken Wurzelknäuel festsaß, griff der Elende, als wollte er es um ein ungeheures Gewicht erleichtern, nach dem Bündel, das er mit aller Kraft über seinen Kopf nach rückwärts schleuderte.

Das Paket verschwand in dem knackenden Rohr. Die Tücher bewegten sich einen Moment im schwachen Licht der Morgendämmerung wie die Flügel eines weißen Vogels, der tot in die unergründliche Tiefe fällt.

Und von neuem empfand der Schurke die Notwendigkeit zu fliehen. Wie von Sinnen stakte er blindlings los, bis er einen Wasserarm traf. Zwischen hohem Dickicht folgte er allen Windungen des schmalen Kanals, und als sein Boot, frei von jedem Gewicht, endlich in die offene Albufera hinausstieß, atmete er auf.

Am Horizont lag der bläuliche Streifen des anbrechenden Tages.

Gleich darauf streckte sich Tonet auf dem Boden seines Fahrzeugs aus und versank in jenen todesähnlichen Schlaf, der auf die großen Nervenkrisen folgt und fast immer nach einem Verbrechen eintritt.

DER TAG BEGANN FÜR DEN SANGONERAS FÄHIGKEITEN anvertrauten Jäger mit großen Unannehmlichkeiten.

Schon in der Frühe mußte dieser wackere Bürger zum Herrichten seines Standes die Hilfe einiger vorbeifahrender Bootsführer erbitten, die über den neuen Beruf des Vagabunden herzlich lachten.

Mit der Schnelligkeit, welche die Gewohnheit verleiht, trieben sie in den schlammigen Grund der Albufera drei Pfähle, auf die sie die riesige Bütte setzten. Dann umsäumten sie diesen Unterschlupf mit Schilf, ein grünes Inselchen gestaltend, dem sich die Vögel voll Vertrauen nähern konnten; und um die Täuschung noch zu vervollständigen, wiegten sich einige Dutzend Korkenten rundherum auf dem Wasser. Sangonera, sehr zufrieden, daß er der ganzen Arbeit entgangen war, lud seinen Jäger ein, in die Bütte zu steigen.

«Ich werde etwas abseits bleiben, damit die Vögel nicht stutzig werden. Sobald Sie genug Enten geschossen haben, brauchen Sie nur zu rufen. Ich komme dann mit dem Boot, um sie aus dem Wasser zu fischen. Viel Glück, Don Joaquin!»

Er sprach so demütig und zeigte so viel guten Willen, sich nützlich zu erweisen, daß der Ärger des gutmütigen Don Joaquin über den Drückeberger verrauchte.

«Schön, schön! Und damit dir die Zeit nicht lang wird, kannst du ein wenig von meinem Proviant kosten. Meine Frau hat mir genug für eine Reise um die Welt mitgegeben.» Dabei wies er auf drei sorgfältig verschlossene Töpfe, einen Korb mit Früchten und einen stattlichen Weinschlauch.

Sangoneras Schnute zitterte vor Aufregung, als er sah, daß dieser Schatz am Bug des Bootes, der ihn bereits seit dem vergangenen Abend in Versuchung führte, seinem Ermessen anvertraut war.

Wahrhaftig, dachte der Vagabund, Tonet hat mich nicht bemogelt. Bei dem Dicken geht's einem gut!

Laut sagte: «Besten Dank, Don Joaquin! Da Sie mich so freundlich zum Kosten eingeladen haben, werde ich mir mal ein Häppchen erlauben, um die Zeit totzuschlagen. Nur ein ganz kleines Häppchen.»

In Rufweite vom Anstand des Jägers machte Sangonera halt und hockte sich im Boot nieder. Es war hell geworden. Überall auf der Albufera hörte man Schüsse, deren Knall durch das Echo des Sees noch verstärkt wurde. Kaum konnte man am grauen Himmel die Vogelschwärme erkennen, die von dem Knattern erschreckt hochgingen. Doch sobald sie, das Wasser suchend, ein wenig tiefer flogen, fiel ein Hagel von Blei über sie her.

Als Don Joaquin allein in seinem Unterschlupf zurückblieb, konnte er sich einer gewissen Bangigkeit nicht erwehren. Er sah sich isoliert mitten auf der Albufera, in einer gewichtigen Bütte, deren einzigen Halt ein paar Pfosten bildeten, und wagte nicht, sich zu rühren, aus Angst, sein Wasserkatafalk könnte kippen. Sanfte, kleine Wellen plätscherten an die Holzwand, in Höhe seines Kinns, ein ständiges Tschap-Tschap, bei dem es ihm gruselte.

«Wenn dieser Trog versinkt», murmelte Don Joaquin zaghaft vor sich hin, «dann kann sich mein Bootsführer noch so sehr beeilen – mit all dem Gewicht von Flinte, Patronengurt und den hohen Stiefeln liege ich längst im Schlamm vergraben.»

Während seine im Reisstroh der Bütte steckenden Beine unter einem peinigenden Jucken brannten, erstarrten die Hände infolge der kalten Morgenluft und des eisigen Kontaktes mit der Flinte. Das nannte man Vergnügen! Und die Vögel? Wo blieben denn diese famosen Vögel, die seine Freunde angeblich dutzendweise herunterholten?

Es gab einen Augenblick, in dem er sich hastig umwandte und zitternd vor Erregung die Flinte an die Backe riß. Sie waren da!

Unbekümmert schwammen sie ganz nahe bei seinem Stand. In ganzen Schwärmen hatten sie sich eingefunden, als er seinen Gedanken nachhing.

«Nur hinhalten, jeder Schuß sitzt!»

Doch als er abdrücken wollte, erkannte er die Lockvögel aus Kork, die er aus Mangel an Routine vergessen hatte. Er senkte die Flinte und warf unwillkürlich einen schnellen Blick in die Runde, als fürchtete er, den spottlustigen Augen seiner Bekannten zu begegnen.

Von neuem gab er sich der Erwartung hin.

Auf was, zum Teufel, schossen nur diese Jäger, deren Flinten die Ruhe des Sees unausgesetzt störten?

Kurz nach Sonnenaufgang konnte Don Joaquin endlich seine jungfräuliche Waffe abfeuern. Drei Vögel strichen dicht über der Oberfläche hin. Der neugebackene Nimrod drückte auf diese Enten ab, die ihm in seiner Aufregung ungeheuerlich erschienen, wahre Adler! Der erste Schuß wies keinen weiteren Erfolg auf, als daß sie ihren Flug noch mehr beschleunigten. Aber sofort hinterher knallte es zum zweitenmal: eine Ente überschlug sich, die Flügel zusammenlegend, und fiel aufs Wasser, wo sie regungslos liegenblieb.

Don Joaquin richtete sich mit solchem Ungestüm auf, daß die Bütte ins Schwanken geriet. In diesem Augenblick fühlte er sich allen Männern überlegen und bewunderte den wilden Heldengeist, den er nie in sich vermutet hatte.

«Sangonera! Bootsführer!» schrie er mit überschnappender Stimme. «Eine! Wir haben eine!»

Vom Boot antwortete ein unverständliches Grunzen.

«Fein!» Sangoneras vollgestopfter Mund ließ die Worte kaum durch. «Wenn mehr da sind, werde ich sie holen.»

Stolz auf seine Tat, verschwand der Jäger wieder hinter seiner Schilfgardine. Jetzt war er sicher, daß er allein genügte, um mit dem ganzen Federwild des Sees aufzuräumen! Schuß folgte auf Schuß, und immer mehr berauschte er sich an dem Pulvergeruch, an der Lust zu vernichten. Ohne sich um Entfernungen zu kümmern, begrüßte er mit seiner Flinte alle Vögel, die in Sicht kamen, mochten sie auch hoch in den Wolken fliegen.

«Cristo! Das ist wirklich ein Vergnügen!»

Und bei diesem blindwütenden Geknatter traf sein Blei sogar manchmal eine unglückselige Ente, die, den sicheren Schützen bisher entkommen, hier als ein Opfer des Verhängnisses fiel.

Unterdessen verharrte Sangonera unsichtbar auf dem Boden des Bootes.

Was für ein Tag, großer Gott! Der Erzbischof von Valencia hatte es in seinem Palast nicht besser als er hier auf dem Stroh, einen ordentlichen Kanten Brot in der Hand und den Topf zwischen den Beinen. Ihm sollte keiner die

Leckerbissen in Cañamels Taverne rühmen! Ein elender Fraß, über den höchstens arme Leute die Augen aufreißen können. Nur die Señores aus der Stadt verstanden, sich was Gutes anzutun!

Er hatte mit der Musterung der drei imposanten Töpfe angefangen, die säuberlich mit starker Leinwand bedeckt und oben zugebunden waren. Welchen zuerst in Angriff nehmen? Er erwählte einen, auf gut Glück. Doch sobald er ihn öffnete, zog sich seine Nase bei dem Geruch von Kabeljau in Tomaten lüstern zusammen.

Santisima! Das hieß kochen können! Der Kabeljau lag beinahe zergangen in der roten Tomatensoße, so zart, so appetitlich, daß Sangonera beim ersten Bissen einen Nektar zu schlucken glaubte, dessen Aroma den Wein in den Meßkännchen, der ihn während seiner Sakristanzeit zu oft verlockt hatte, weit überflügelte.

«An den hier halte ich mich! Warum noch die anderen aufmachen?»

Und den duftenden Topf zwischen die Beine klemmend, begann er ohne Hast zu essen, mit der Ruhe des Feinschmeckers, der viel Zeit vor sich hat und weiß, womit er sie ausfüllen wird. Enorme Bissen füllten seinen Mund und blähten seine Backen. Regelmäßig wie die Räder einer Maschine arbeiteten seine Kinnladen, während die starr auf den Topf gerichteten Augen dessen Tiefe erforschten und die Anzahl der Reisen kalkulierten, die seine jedesmal mit einem neuen Stückchen Brot bewaffnete Hand noch machen müßte, um alles in seinen Mund zu überführen.

Von Zeit zu Zeit entriß er sich dieser Beschaulichkeit – ein ehrenhafter Mensch, ein gewissenhafter Arbeiter darf auch beim Vergnügen seine Pflichten nicht vergessen –, schaute über den Bordrand nach draußen, und wenn sich Vögel näherten, so verkündigte er freudig:

«Don Joaquin! Von Palmar her! Don Joaquin! Von Saler her!»

Nachdem er den Jäger über das Kommen der Vögel belehrt hatte, fühlte er sich von dieser Arbeit derart ermüdet, daß er einen langen Zug aus dem Weinschlauch nahm, ehe er den stummen Dialog mit dem Kabeljau in Tomaten wieder anknüpfte.

Drei Enten waren von Don Joaquin heruntergeholt worden, als Sangonera den Topf beiseite stellte, an dessen Rändern unten noch einige kärgliche Reste klebten. Der Vagabund vernahm den Mahnruf seines Gewissens: ein Bissen mußte doch wenigstens für den Patron bleiben! So barg er den wieder sorgsam verschlossenen Topf unter dem Bug, um gleich, von Neugierde getrieben, den zweiten zu öffnen.

Herr im Himmel! Welche Überraschung! Schweinsrücken und saftige Würstchen mit den schönsten Zutaten; alles kalt, jedoch mit einem wunderbaren Fettgeruch, der Sangonera erschütterte. Wie lange hatte sein an das fade Fleisch der Aale gewöhnter Magen nicht mehr das Gewicht solch kräftiger Gerichte gespürt! Wäre es nicht eine Respektlosigkeit gegen den Patron, den zweiten Topf nicht zu probieren? Bedeutete das nicht, daß er, der Hungerleider, kein Verständnis besaß für die guten Sachen, die man in Don Joaquins Küche brutzelte? Und wegen eines Happens mehr oder weniger würde der sich nicht erbosen!

Von neuem machte es sich Sangonera auf dem Boden des Bootes bequem, den zweiten Topf zwischen den Knien. Wollüstig dehnte er sich beim Schlucken der Bissen und schloß die Augen, um ihr langsames Hinuntergleiten zum Magen noch besser würdigen zu können.

«Was für ein Tag, was für ein herrlicher Tag!»

Es schien ihm, als äße er zum erstenmal an diesem Morgen. Verächtlich streifte sein Blick den unter den Bug geschobenen Topf. Jenes Ragout dort – der reine Betrug für den Magen! Es war gut als Zeitvertreib, um die Kinnladen zu amüsieren. Das Richtige stand jetzt vor ihm: fette Würstchen und ein Schweinsrücken, der auf der Zunge zerschmolz mit einem solch delikaten Nachgeschmack, daß der Mund unaufhörlich einen neuen Bissen verlangte, ohne je genug zu haben.

Als Sangonera bemerkte, mit welcher Leichtigkeit sich der zweite Topf leerte, drängte es ihn, seinen Verpflichtungen aufs genaueste nachzukommen. Ohne seinen Kiefern Ruhe zu gönnen, lugte er nach allen Seiten aus, um mehr zu brüllen als zu schreien:

«Von Saler her! Von Palmar her!»

Damit sich kein Pfropfen in seiner Kehle bildete, ließ er den Weinschlauch kaum eine Minute in Frieden. Er trank; trank immer mehr von diesem Wein, der viel, viel besser war als der von Neleta ausgeschenkte, und die rote Flüssigkeit schien seinen Appetit noch zu reizen, schien neue Höhlen in seinem bodenlosen Magen zu erschließen. Seine Augen blitzten in seliger Trunkenheit, das Gesicht bekam eine bläulichrote Färbung, geräuschvolle Rülpser erschütterten ihn vom Kopf bis zu den Füßen.

«He? Und? Wie geht's dir denn, mein Lieber?» fragte er seinen Magen und gab ihm kleine freundschaftliche Klapse.

Er sah die Albufera rosig gefärbt. Der Himmel von einem leuchtenden Blau öffnete sich ihm zu demselben süßen Lächeln, das ihn an jenem Abend auf dem Heimweg zur Dehesa geliebkost hatte. Nur eins sah er schwarz, düster gähnend wie ein leeres Grab: den Topf zwischen seinen Beinen. Nichts war in ihm zurückgeblieben, nicht der kleinste Rest! Einen Moment saß er starr vor Schreck. Aber dann mußte er über seinen maßlosen Appetit lachen, und um über seine Gewissensbisse hinwegzukommen, saugte er eine ganze Weile am Weinschlauch.

Lustig kichernd dachte er, was man in Palmar wohl zu seiner Leistung sagen würde. Und mit dem Wunsch, im Dorf damit protzen zu können, daß er nichts von Don Joaquins Proviant ungeprüft gelassen hätte, lüftete er die Leinwand des dritten Topfes.

«Allmächtiger!»

Eingepfercht zwischen die irdenen Wände des Gefäßes zwei Kapaune mit goldgelber Haut! Zwei anbetungswürdige Kreaturen des lieben Herrgotts, deren Keulen an den Rumpf geschnürt waren! Zwei runde, weiße Brüste wie die einer Señorita!

«Und sollte Don Joaquin nachher eine Ladung Blei auf mich loslassen, wenn ich da nicht Hand anlege, bin ich kein Mann!» murmelte Sangonera.

Seit den Zeiten der gemeinsamen Wilddieberei mit Tonet hatte er kein Geflügel mehr gekostet. Aber ein Vergleich zwischen jenen zähen, sehnigen Seevögeln und diesen Leckerbissen erhöhte noch den Genuß. Andächtig kaute er das zarte, weiße Fleisch, ließ die knusperige Haut zwischen den Zähnen krachen, während das Fett an den Mundecken herabtriefte. Er aß wie ein Automat, eigensinnig darauf versessen zu schlucken und zu schlucken, den Blick ängstlich, als gälte es eine Wette, auf das gerichtet, was noch auf dem Boden des Topfes lag.

Kindliche Gelüste kamen ihm: die Lust zu lärmen, Allotria zu treiben. Und flugs griff er in den Fruchtkorb und warf mit Orangen nach den Vögeln, die hoch über ihm dahinstrichen.

In seinem Herzen wallte eine warme Zärtlichkeit auf für Don Joaquin, dem er diese ganze Glückseligkeit verdankte; er hätte ihn neben sich haben mögen, um ihn zu umarmen. Mit ruhiger Unverfrorenheit duzte er ihn, und ohne daß auch nur ein einziger Vogel am Horizont sichtbar gewesen wäre, tobte er fortgesetzt:

«Schieß, Dickerchen! Schieß! Sie beißen dich ja...»

Umsonst spähte der Jäger nach allen Seiten. Nicht eine Feder war zu sehen. «Bist du verrückt geworden?» rief er Sangonera zu. «Sammle lieber die Enten, die hier auf dem Wasser liegen!»

Doch sein Bootsführer kauerte sich wieder nieder, ohne zu gehorchen.

«Zeit genug! Erst müssen noch viel mehr daran glauben!»

Da der Weinschlauch nichts mehr hergab, entkorkte Sangonera nunmehr die Flaschen und kostete bald den Rum, bald den reinen Absinth, wobei die sonnenbestrahlte Albufera sich für ihn allmählich verdunkelte und seine Beine an dem hölzernen Boden festgenietet zu sein schienen.

Mittags rief Don Joaquin, hungrig und voll Verlangen, aus dem Gefängnis der engen Bütte befreit zu werden, nach seinem Bootsführer.

Der Vagabund, dessen Kopf auf dem Bord ruhte, blickte starr zu seinem Herrn hinüber und wiederholte unausgesetzt: «Ich komme sofort, ich komme sofort!» Aber er rührte sich nicht. Erst als der Jäger, ganz rot von all dem Schreien, auf ihn anlegte, taumelte er hoch, suchte überall die Stange, die unmittelbar neben seiner Hand lag, und stakte langsam näher.

Don Joaquin sprang ins Boot. Endlich konnte man die eingeschlafenen Beine dehnen! Auf sein Geheiß begann Sangonera, die erlegten Enten aus dem Wasser zu fischen. Doch mit welch merkwürdig tastenden Bewegungen streckte dieser Bootsführer seinen Arm aus, als ob er die Vögel nicht sähe! Auch warf sich sein Oberkörper dabei so ungestüm vorwärts, daß er ein paarmal über Bord gefallen wäre, wenn der Patron nicht zugegriffen hätte.

«Verdammter Tölpel!» knurrte der Valencianer. «Du bist wohl betrunken?» Sehr schnell wurde ihm die Antwort, als er unter Sangoneras stupidem Glotzen seinen Proviant examinierte. Die Töpfe leer, der Weinschlauch schlaff und welk, die Flaschen geöffnet! Vom Brot fanden sich ein paar Krusten vor, und den Fruchtkorb konnte man über dem Wasser umkippen, ohne Angst haben zu müssen, daß etwas herausfiele.

Don Joaquin gelüstete es, seinem Bootsführer mit dem Kolben näherzukommen; aber als dieser erste Zorn verebbt war, betrachtete er ihn maßlos verblüfft.

«Dieses Gemetzel hast du allein angerichtet? Eine nette Art, fürwahr, Kosthäppchen zu nehmen! Wo hast du das alles gelassen, du Freßsack? In einem Menschenmagen ist doch gar nicht soviel Raum!»

Sangonera antwortete nicht. Er stöhnte nur leise:

«Au, Don Joaquin! Ich bin krank! Sehr krank!»

O ja! Er war krank. Man brauchte nur sein gelbes Gesicht anzusehen, seine Augen, die sich vergeblich bemühten offen zu bleiben, seine Beine, die unter ihm zusammenknickten.

Während der aufgebrachte Jäger noch die Hand hob, um ihm eine Ohrfeige zu geben, fiel Sangonera plötzlich zu Boden, die Nägel in den Gürtel verkrallt, als wollte er sich den Bauch aufreißen. Wild bäumte sich der Leib in einer Kurve hoch; qualvolle Konvulsionen verzerrten sein Gesicht, und die Augen wurden gläsern.

Don Joaquin blickte ratlos umher, und von neuem stellte er fest, daß ein Jagdausflug zur Albufera eine sehr verdrießliche Sache sei. Nach einer halben Stunde des Fluchens, als er sich schon dazu verurteilt glaubte, selbst nach Saler zurückstaken zu müssen, erbarmten sich seiner vorüberfahrende Bauern, die auf dem freigegebenen Teil des Sees jagten.

Hilfsbereit, wie die Leute auf dem Land sind, hoben sie Sangonera in ihren Kahn, während einer von ihnen sich zu Don Joaquin gesellte, wofür ihm dieser gern erlaubte, unterwegs von seiner Flinte Gebrauch zu machen.

Spätnachmittags sahen die Frauen Palmars, daß man den Vagabunden wie einen Sack am Ufer des Kanals auslud.

«Ah, dieser Tunichtgut! Wieder totel betrunken!» riefen sie empört.

Doch die braven Männer, die ihn auf ihren Schultern nach seiner elenden Hütte trugen, schüttelten ernst den Kopf. Nein, nein, es war nicht allein Trunkenheit! Wenn der Strolch dieses Mal mit dem Leben davonkam, besaß er wirklich eine Bärennatur!

Sie schilderten alle Einzelheiten dieser ungeheuren Magenüberladung, die den Tod herbeiführen konnte, und die Leute staunten mit offenem Mund, doch nicht ohne ein anerkennendes Lächeln, war es doch einer der Ihrigen, der dies vollbracht hatte.

Armer Sangonera! Die Kunde von seiner Erkrankung verbreitete sich schnell im Dorf, und die Frauen gingen in Grüppchen zu seiner trostlosen, bisher verfemten Baracke. Mit starren Augen und wachsgelbem Gesicht lag Sangonera in wilden Zuckungen auf dem Stroh und erbrach ekelhaft riechende Flüssigkeiten mit halbgekauten Speisen.

«Wie geht's Sangonera?» erkundigten sich die Gevatterinnen von der Tür aus.

Keine Antwort! Nur ein Ächzen, ein Stöhnen! Und der Kranke, den diese Prozession an seiner Tür belästigte, drehte ihnen den Rücken zu.

Andere Frauen, kühner, traten ein, betasteten niederkniend seinen Unterleib und fragten, wo es ihn schmerze. Dann diskutierten sie über die geeignetsten Mittel, suchten auch gewisse alte Frauen auf, deren Tränklein bei den Dorfbewohnern in größerem Ansehen standen als die Rezepte des Arztes.

Nichts konnte Sangonera den Ernst seines Zustandes besser enthüllen als diese angelegentliche Fürsorge. Er erriet die Gefahr, als er sich von denselben Frauen betreut fand, die am Tag vorher seiner gespottet hatten und ihre Männer und Söhne auszankten, wenn sie mit einem solchen Liederjan zusammensaßen.

«Armer Junge! Armer Junge!» hörte er sie alle murmeln.

Und mit der Selbstverleugnung, deren nur die Frau angesichts des Unglücks fähig ist, drängten sie sich um ihn, sprangen über die widerliche Brühe, die in dicken Strahlen aus seinem Mund brach. Sie wußten Bescheid: er hatte einen «Knoten» in den Eingeweiden! Unter mütterlichem Schmeicheln brachten sie ihn dazu, seine vom Krampf aufeinandergepreßten Kinnladen zu öffen, um ihn alle Arten wunderbarer Mixturen schlucken zu lassen, die er nach einem Weilchen seinen wohlwollenden Pflegerinnen wieder vor die Füße warf.

Erst spätabends verließen sie ihn, das Abendessen zu Hause mußte angerichtet werden. Und der Kranke blieb hilflos in seiner Ecke, unbeweglich unter dem trüben Licht eines Lämpchens, das die Frauen in einen Mauerspalt gestellt hatten. Die Hunde aus dem Dorf schnupperten an der Tür, betrachteten ihn eingehend und liefen heulend von dannen.

Während der Nacht waren es die Männer, die die Hütte besuchten. In Cañamels Taverne sprach man viel über das Ereignis, und die Kahnfischer wollten ihn noch einmal sehen.

Mit wankendem Schritt, denn die meisten hatten sich auf Kosten ihrer Jagdherren betrunken, erschienen sie am Eingang.

«Sangonera, Kleiner! Geht's besser?»

Aber sofort wichen sie zurück, angeekelt von dem Gestank dieses Bettes voller Unrat, in dem sich der Kranke wälzte. Einige, die sich einen brutalen Scherz nicht versagen konnten, luden ihn ein, bei Cañamel zum letztenmal mit ihnen zu trinken. Sangonera jedoch schloß die Augen und fiel von neuem in seine nur von Erbrechen und Krämpfen unterbrochene Apathie.

Um Mitternacht blieb der Vagabund endgültig allein, von allen verlassen.

Tonet wollte seinen alten Kumpan nicht sehen. Er war zur Taverne zurückgekehrt nach einem langen Schlaf in seinem Boot, einem tiefen, verdummenden Schlaf, manchmal brüsk hochfahrend aus einem schweren Alpdrücken und wieder eingelullt durch das monotone Geknatter der Schüsse, die in seinem Hirn als endloses Donnerrollen widerhallten.

Als er die Kneipe betrat, war er betroffen, daß Neleta vor den Fässern saß, weiß wie Kalk, aber ohne die geringste Unruhe in ihren Augen, ganz, als läge eine friedliche Nacht hinter ihr. Woher nahm die Frau nur diese Energie? Sie tauschten einen Blick des Einverständnisses, wie Schurken, die sich durch das Band der Mitschuld noch enger verbunden fühlen.

Eine lange Weile verging, ehe sie ihn zu fragen wagte, wie er seinen Auftrag ausgeführt hätte. Und leise, mit niedergeschlagenen Augen, als wären die Blicke des ganzen Dorfes auf ihn gerichtet, antwortete er:

«Ich habe es an einem sicheren Ort gelassen. Niemand wird es entdecken können!»

Nach diesen rasch gewechselten Worten blieben beide stumm, nachdenklich: sie hinter dem Schanktisch, er auf einem Schemel nahe der Tür; den Rücken Neleta zugekehrt, auf der Flucht vor ihren Augen. Ein ungeheures Gewicht lastete auf ihnen, und sie fürchteten zu sprechen, denn das Echo ihrer Stimme schien die Erinnerungen an die verflossene Nacht wieder aufleben zu lassen. Sie waren heraus aus dieser schlimmen Klemme, es drohte ihnen keine Gefahr mehr! Schwach und krank, brachte Neleta es fertig, auf ihrem Posten zu bleiben, so daß niemand argwöhnen konnte, was sich nachts zugetragen hatte. Und trotzdem fühlten sich die Liebenden plötzlich weit voneinander entfernt, etwas zwischen ihnen war für immer zerbrochen. Die Leere, die das Verschwinden dieses kaum gesehenen Kindchens hinterließ, vergrößerte sich mehr und mehr, um zu einem Abgrund zu werden, der die beiden Elenden auf ewig trennte. Sie wußten, daß in Zukunft jeder Blick, den sie wechselten, sie an ihr Verbrechen erinnern würde, und Tonets Verstörtheit wuchs noch bei dem Gedanken, daß Neleta das wahre Schicksal ihres Kindes nicht kannte.

Bei Einbruch der Dunkelheit füllte sich die Taverne mit Bootsführern und nach ihren Höfen zurückkehrenden Bauern, die stolz ihre zusammengebündelten Krickenten und Wasserhühner vorwiesen. Welche herrliche Jagd! Alle hatten Durst, und alle wußten sie irgendein Stückchen von besonderem Jagdglück oder besonders guten Treffern zu erzählen. Um von seinen Gedanken loszukommen, ging Tonet von Gruppe zu Gruppe, saß bald an diesem, bald an jenem Tisch und stieß mit jedem Gast an. Vielleicht würde ihm die Trunkenheit Vergessen bringen! Und er trank und trank. Und selbst seine Freunde staunten: so ausgelassen hatte man den Kubaner lange nicht gesehen!

Jetzt erschien auch der alte Paloma. «Heilige Himmelskönigin!» Forschend hefteten sich seine kleinen Augen auf Neleta. «Wie du aussiehst! Bist du krank?»

Die Wirtin sagte irgend etwas von heftigen Kopfschmerzen, die sie nicht hätten schlafen lassen, wozu der Alte, der ihre schlechte Nacht mit dem unerklärlichen Ausreißen seines Enkels in Verbindung brachte, spöttisch mit den Augen zwinkerte. Dann aber wandte er sich von ihr zu Tonet.

«Du Lümmel! Schämst du dich nicht über dein würdeloses Benehmen? Nur einem Taugenichts wie dir kann es einfallen, Sangonera zum Bootsführer zu bestellen!»

Tonet entschuldigte sich so gut er konnte und schwor bei allen Heiligen, das nächste Mal seine Pflicht getreulich zu erfüllen.

Durch dieses Versprechen ein wenig milder gestimmt, fuhr der Großvater fort:

«Ich habe Don Joaquin zu einer Jagd in den Dickichten bei Palmar eingeladen. Er kommt in der nächsten Woche, und dann wollen wir ihn alle beide begleiten. Vergiß aber nicht wieder, daß man die Herren aus Valencia zufriedenstellen muß, damit sie der Albufera treu bleiben. Was würde sonst aus den Leuten am See?»

In dieser Nacht betrank sich Tonet und blieb, statt nach Neletas Schlafzimmer hinaufzugehen, schnarchend neben dem Ofen sitzen. Keiner der beiden suchte den anderen, eher schienen sie einander zu fliehen und eine gewisse Erleichterung im Alleinsein zu finden.

Auch am nächsten Abend war Tonet berauscht. Alkohol brauchte man, um das Gewissen einzuschläfern und zum Schweigen zu bringen!

Über Sangoneras Befinden gelangten neue Nachrichten zur Taverne: er war rettungslos verloren. Die Frauen, die ihn auch weiter noch besuchten, nachdem die Männer ihre Alltagsverrichtungen wieder aufgenommen hatten, erkannten die Unzulänglichkeit ihrer Mittel gegen eine Krankheit, deren Natur die weisen Gevatterinnen auf ihre Art erklärten:

«Das Speiseknäuel, das seinen Magenmund verstopft, beginnt zu verfaulen. Man braucht ja nur zu sehen, wie der Bauch dadurch aufschwillt.»

Als der Arzt von Sollana auf seiner wöchentlichen Visite nach Palmar kam, führte man ihn gleich zu Sangoneras Hütte. Doch auch er schüttelte den Kopf. Was war da zu tun! Ein Fall von Appendizitis mit tödlichem Ausgang, die Folge einer maßlosen Überladung.

Und im Dorf sprach man nur noch von Appendizitis;

besonders den Frauen machte es Vergnügen, dieses Wort, das sie sehr komisch fanden, möglichst oft anzuwenden.

Auch der Vikar glaubte, daß es nun an der Zeit sei, sich in die Hütte dieses Renegaten Sangonera zu begeben. Niemand verstand es wie Don Miguel, die Leute so geschwind und so ohne Umschweife fürs Jenseits abzufertigen.

«Heda!» rief er schon an der Tür. «Bist du ein Christ?»

Sangonera öffnete seine Augen weit vor Staunen. Er kein Christ? Empört über des Pfarrers Frage, blickte er empor, um in inniger, hoffnungsvoller Verzückung das Stückchen vom blauen Himmel zu betrachten, das durch die nackten Dachsparren zu sehen war.

«Gut! Dann also, unter Männern, keine Lügen! Beichte, denn du mußt sterben», fuhr Don Miguel fort. «Klipp und klar: sterben! Verstanden?»

Wahrlich, dieser Pfarrer vom Karabiner sprach mit seiner Herde nicht um die Sache herum!

Über die Augen des Vagabunden huschte der Schreck. Sein Dasein voller Elend erschien ihm jetzt in all dem Zauber grenzenloser Freiheit. Er sah den See und seine leuchtenden Wasser, die rauschende Dehesa mit ihren Dickichten und der Überfülle ihrer duftenden Waldblumen, sah alles, bis zu dem Schanktisch von Cañamels Taverne, vor dem er früher so oft träumte und durch die Gläser hindurch das Leben in rosiger Farbe erblickte. Und all das sollte er verlassen? Dicke Tränen begannen aus seinen Augen zu rollen. Aber was half's? – Die Todesstunde nahte. In einer besseren Welt würde er das himmlische Lächeln erblicken, das Lächeln unendlichen Erbarmens, dessen er an jenem Abend am See teilhaftig geworden war.

Und plötzlich beichtete er ganz ruhig zwischen Erbrechen und Krämpfen dem Priester seine Mausereien bei den Fischern, so viele, daß er sie nur in Bausch und Bogen angeben konnte. Doch mit seinen Sünden enthüllte er gleichzeitig seinen Glauben: seine Hoffnung auf Christus, der von neuem kommen würde, um die Armen zu retten, und die seltsame nächtliche Begegnung am Seeufer.

«Sangonera!» unterbrach ihn rauh der Vikar. «Keine Flausen! Die Wahrheit sage jetzt. Nichts als die nackte Wahrheit.»

Die Wahrheit hatte er schon gesagt. Seine ganze Sünde bestand im Grunde nur in seiner Scheu vor der Arbeit, von der er glaubte, daß sie im Widerspruch stünde zu Gottes Geboten. Ein einziges Mal hatte er sich darein ergeben, zu sein wie die anderen, seine Arme in fremdem Dienst zu gebrauchen und so mit dem Reichtum und Wohlleben in Berührung zu kommen. Und diese Inkonsequenz mußte er, ach! mit seinem Leben zahlen.

Sämtliche Frauen Palmars waren gerührt über diesen Lebensabschluß des Vagabunden. Seit seiner Flucht aus der Sakristei hatte er wie ein Heide gelebt, aber er starb als guter Christ. Die Natur seiner Krankheit erlaubte ihm nicht, den Leib des Herrn zu empfangen, und der Vikar begnügte sich damit, die letzte Ölung zu erteilen, wobei Sangonera in einem heftigen Brechanfall Don Miguels Soutane arg beschmutzte.

Die Hütte betraten jetzt nur noch ein paar ältere Frauen, die es sich, von einem Gefühl der Aufopferung getrieben, zur Pflicht machten, allen Sterbenden zur Seite zu stehen. Der Geruch drinnen wurde unerträglich; die Leute sprachen entsetzt von Sangoneras Agonie. Seit dem vergangenen Tag brach er keine Speisereste mehr aus, es war etwas Schlimmeres; und die Nachbarinnen hielten sich die Nase zu, wenn sie sich vorstellten, wie er auf dem Strohlager mitten im Kot lag.

Er starb am dritten Tag.

Von den wohlhabenden Frauen Palmars fühlten die, die eifrig zur Kirche gingen, ein zärtliches Mitleid für diesen Unglücklichen, der nach einem sündhaften Leben sich mit dem Herrn ausgesöhnt hatte. Er sollte würdig die letzte Reise antreten. Bis nach Valencia fuhren sie, um alles vom Schönsten einzukaufen, wofür sie eine Summe ausgaben, die Sangonera bei Lebzeiten nie gesehen hatte.

Man kleidete ihn der Sitte gemäß in ein religiöses Ordensgewand und legte ihn in einen Sarg mit silbernen Beschlägen. Dann zog das ganze Dorf vor der Leiche vorbei. Seine alten Kumpane rieben sich die vom Alkohol geröteten Augenlider und unterdrückten mühsam das Lachen beim Anblick ihres Freundes, der, mit einer Kutte angetan, so sauber in dem weißen Sarg der Jungfräulichen ruhte. Sogar sein Abschied hier unten schien noch ein Ulk zu sein. *Adios*, Sangonera! Hinfort würden die Netze nicht mehr geleert werden, bevor die Besitzer sie aufholten; nie mehr würde er sich wie ein trunkener Heide mit den Blumen der Dämme umwinden!

Er hatte frei und glücklich gelebt, ohne die Mühsal der Arbeit, und hatte es verstanden, in die andere Welt mit dem Luxus eines Reichen zu gehen, immmer auf Kosten anderer.

Um Mitternacht setzte man den Sarg in den «Aalkarren», mitten zwischen die Fischkörbe, und der Sakristan mit dreien seiner Freunde beförderten die Leiche zum Friedhof.

Tonet legte sich nicht klare Rechenschaft ab über den

Tod seines Kameraden. Er lebte in Nebeln, unaufhörlich trinkend, die Zunge gelähmt sowohl durch Alkohol als auch durch die Angst, zuviel zu sagen.

«Sangonera ist gestorben! Dein dickster Freund!» berichtete man ihm in der Taverne.

Er antwortete, indem er sich ein frisches Glas einschenkte, mit einem Brummen, während die Stammgäste sein Schweigen dem Kummer um den Toten zuschrieben.

Neleta, bleich und verstört, als wenn ständig ein Phantom vor ihren Augen erschiene und wieder erschiene, suchte ihren Liebsten vom Trinken abzuhalten.

«Tonet, nicht mehr!» bat sie sanft.

Und sie erschrak über die Geste der Empörung, des dumpfen Zorns, mit der der Betrunkene opponierte. Sie erriet, daß ihre Herrschaft über diesen Willen verschwunden war. Manchmal sah sie in seinen Augen sogar Haß aufzüngeln, die Feindseligkeit des Sklaven, der entschlossen ist, den Kampf mit seinem früheren Bedrücker aufzunehmen und ihn zu erdrosseln.

Ohne Neleta zu beachten, füllte er sein Glas aus allen Fässern der Taverne. Übermannte ihn dann der Schlaf, so streckte er sich, gleichgültig wo, in irgendeinem Winkel des Hauses aus, während Centella mit der instinktiven Zärtlichkeit der Hunde ihm Gesicht und Hände leckte.

Tonet wollte nicht, daß seine Gedanken erwachten. Sobald der Rausch sich zu verflüchtigen begann, erfaßte ihn eine peinigende Unruhe. Wenn die Schatten eintretender Gäste sich auf dem Boden abzeichneten, hob er erschreckt den Kopf, als befürchtete er das Auftauchen eines Wesens, das seinen Schlaf mit eisigen Schauern störte. Und von neuem mußte er trinken, unablässig trinken, um nicht aus diesem Zustand der Vertierung herauszukommen, der seine Empfindungen abstumpfte und seine Seele einschläferte. Durch die Schleier der Trunkenheit, die sein Denken einhüllten, erschien ihm alles fern, vage, verwischt. Er glaubte, daß viele Jahre vergangen seien seit jener Nacht auf dem See, der letzten seines Daseins als Mann, der ersten eines Schattenlebens, das er mit einem von Alkohol verdunkelten Hirn durchtastete.

Eines Tages überraschte ihn der Großvater in diesem Stumpfsinn.

«Morgen erwarte ich Don Joaquin. Hältst du nun dein Wort und kommst mit?»

Auch Neleta redete ihm freundlich zu:

«Seit einer Woche hast du die Taverne nicht verlassen. Fahr mit, die frische Luft wird dir guttun.»

Das alte Jagdfieber brach bei dem Kubaner durch. Sollte er etwa für immer den See meiden?

Den Rest des Tages beschäftigte er sich damit, Patronen zu füllen und die schöne Flinte Cañamels zu putzen – Jagdvorbereitungen, welche die um ihn herumtollende Hündin mit fröhlichem Bellen begrüßte.

Früh am nächsten Morgen kam der alte Paloma mit seinem Gönner Don Joaquin, wieder im Schmuck seiner prächtigen Ausrüstung, zu einem schnellen Imbiß nach der Taverne. Ein wenig später brachen alle drei auf.

Tonet fuhr voran, die Centella wie eine Galionsfigur am Bug seines leichten Boots. Dicht hinter ihm stakte der Großvater seine Barke, in der Don Joaquin verwundert die Flinte des Alten untersuchte, diese berühmte Waffe mit tausend Reparaturen, von der man am See so viel zu erzählen wußte. Als sie aus dem Kanal heraus waren und in die Albufera vorstießen, sah Tonet, daß das zweite Boot nach links abdrehte.

«Wohin?» rief er seinem Großvater zu.

«Wohin anders als zum Bolodro!» antwortete der Alte. Und zu Don Joaquin gewandt, erklärte er: «Der Bolodro ist das größte Dickicht bei Palmar. Da gibt's mehr Wasserhühner als an irgendeinem anderen Fleck der Albufera.» Tonet hingegen wollte geradeaus fahren, zu den Röhrichtinseln in der Mitte des Sees, und zwischen den beiden entspann sich eine heftige Diskussion, bei welcher der Großvater jedoch seinen Willen durchsetzte. Unlustig, resigniert mit den Schultern zuckend, mußte Tonet der Barke folgen.

Nach einer scharfen Fahrt liefen sie in einen schmalen, von hohem Rohr eingefaßten Wasserarm ein. Schilf und Binsen wucherten durcheinander, und üppige Schlingpflanzen mit weißen und blauen Glöckchen zogen überall ihre Girlanden über diesen Wasserwald, dem die ineinander verstrickten Wurzelknäuel des Röhrichts ein Aussehen von Festigkeit gaben. Auf dem Grund der Wasserstraße zeigte sich eine seltsame Vegetation, die bis zur Oberfläche emporstieg, und bisweilen wußte man nicht, ob die Boote auf dem Wasser schwammen oder über grüne, von einer dünnen Kristallschicht bedeckte Felder glitten.

In diesem Winkel der Albufera, der im Sonnenlicht noch wilder aussah, herrschte die tiefste Stille. Dann und wann nur der Schrei eines Vogels im Dickicht oder ein leises Quirlen des Wassers, das die Gegenwart von dem im Schleim des Grundes verborgenen Gewürm verriet.

«Tonet, treib uns das Wild zu!» befahl der Alte.

Der Kubaner stakte fort, und ein Weilchen hörte man noch, wie er gegen das Rohr schlug, um die Vögel aufzuscheuchen.

Mehr als zehn Minuten brauchte er für seine Runde um

das ganze Dickicht. Als er zur Barke des Großvaters zurückkehrte, feuert Don Joaquin eifrig auf die verängstigten, aus ihren Schlupfwinkeln vertriebenen Vögel, die, sobald sie den quer durch das Dickicht gehenden Wasserarm erreichten, einen Moment vor dieser gefährlichen Lichtung zögerten, sie aber schließlich teils fliegend, teils schwimmend dennoch durchkreuzten, wobei das Blei des Jägers sie erwischte.

In diesem engen Raum konnte kein Schuß fehlgehen, und Don Joaquin empfand die Genugtuung eines sicheren Schützen, als er sah, mit welcher Leichtigkeit er das Wild erlegte. Centella war ständig im Wasser, um die Vögel, meist noch lebend, stolz zu apportieren. Auch Palomas Flinte feierte nicht. Er verfolgte seine alte Taktik, der Eitelkeit seiner Gönner zu schmeicheln: ging ein Schuß des Valencianers vorbei, so knallte es unmittelbar darauf in seinem Rücken, diesmal mit Erfolg, doch der Alte wußte seinem Jagdgast stets plausibel zu machen, daß es sein Verdienst gewesen wäre.

Jetzt schwamm eine schöne Krickente hindurch. Aber so schnell auch beide schossen, sie verschwand im Schilf.

«Getroffen ist sie; ein paar Federn flogen», rief Paloma.

Don Joaquin schnaufte ärgerlich.

«Was für ein Pech! Sie wird im Röhricht verenden, ohne daß wir sie finden können.»

«Such, Centella! Such!» befahl Tonet der Hündin.

Willig warf sie sich ins Dickicht, und man hörte an dem knackenden Rohr, wo sie sich ihren Weg bahnte.

«Sie bringt die Ente!» sagte der Kubaner mit Überzeugung. Doch der Großvater zeigte sich etwas ungläubig.

«Centella gehört wie ich zum alten Eisen. Als Cañamel

sie kaufte, war sie ihr Gewicht in Gold wert. Aber jetzt kann man ihrer Nase nicht mehr blindlings vertrauen.»

«Du wirst es ja sehen!» lächelte Tonet.

Bald nahe, bald ferner erklang im Morast das Plätschern der Hündin, dem die Jäger in der Stille des Morgens mit angespannter Aufmerksamkeit folgten. Minuten vergingen, bis sie mit mutlosem Aussehen und traurigen Augen, nichts im Maul tragend, zum Vorschein kam.

Der Alte lachte triumphierend. Was hatte er gesagt? Tonet bekam, weil er glaubte, sich lächerlich gemacht zu haben, einen roten Kopf. Er drohte der Hündin mit der Faust, um sie vom Boot abzuhalten.

«Such! Such!» herrschte er das arme Tier an.

Wieder verschwand Centella im Rohr, doch das Wedeln ihrer Rute verriet keine Zuversichtlichkeit.

«Sie findet die Ente!» versicherte Tonet nochmals. «Ich habe sie schwierigere Sachen ausführen lassen.»

Von neuem knackte das Rohr, von neuem plätscherte es im Wasser, aber man konnte erkennen, daß Centella planlos umherirrte, ohne Vertrauen zu ihrer Arbeit. Einige Male streckte sie den Kopf durch die Binsen heraus, um ihn sofort wieder zurückzuziehen, wenn sie die Faust ihres Herrn sah und sein «Such!» hörte, das wie eine Drohung klang. Schließlich entfernte sie sich immer mehr, so daß die Jäger nicht das kleinste Geräusch vernahmen.

Plötzlich fuhr Tonet hoch. Centella gab Laut, nochmals und nochmals, weit fort.

«Nun?» lachte er. «Es kann etwas dauern, aber es entgeht ihr nichts.»

Wieder schlug die Hündin an, verzweifelt, doch ohne näher zu kommen. Der Kubaner pfiff.

«Hierher, Centella! Hierher!»

Man hörte wieder ihr Plätschern, Rohr knackte, und schließlich erschien, mühselig schwimmend, die Hündin mit einem Gegenstand im Maul.

«Hierher, Centella!» rief Tonet nochmals.

Dicht an der Barke des Großvaters schwamm sie vorbei, und der Alte hob die Hand vor die Augen, als hätte ihn ein Blitz geblendet.

«Heilige Mutter Gottes!» ächzte er, während die Flinte zu Boden polterte.

Und jetzt sprang Tonet auf, mit irrem Blick, am ganzen Leib zitternd. Neben seinem Boot sah er ein Leinwandbündel und darin etwas Fahles, Gallertartiges, das von Blutegeln wimmelte; ein aufgedunsenes Köpfchen, schwärzlich, unförmig, mit zwei leeren Augenhöhlen und einem herabbaumelnden Augapfel: alles das so ekelhaft, so entsetzlich riechend, daß er glaubte, im vollen Sonnenlicht das Wasser sich verdunkeln, jählings Nacht sich auf den See herabsenken zu sehen.

Mit beiden Armen hob er die Stange. Und so fürchterlich war der Schlag, daß der Schädel der Hündin krachte wie brechendes Holz. Aufheulend versank das arme Tier samt seiner Beute in dem gurgelnden Wasser.

Dann blickte er mit den Augen eines Wahnsinnigen seinen Großvater an, der nichts verstand von dem, was vorging, dann den armen, schreckerstarrten Don Joaquin, und instinktiv die Stange ins Wasser tauchend, floh er davon schnell wie ein Pfeil, als hätte das Phantom der Gewissensqual, das seit einer Woche schlief, Gestalt angenommen, als jagte es hinter ihm her, mit unerbittlichen Nägeln seinen Rücken zerfleischend.

Seine wilde Fahrt war kurz. Als er auf die offene Albufera hinausglitt, erblickte er vor sich einige Barken, hörte Rufe von denen an Bord und suchte sich zu verbergen, schamrot wie ein Mensch, der sich nackt den Blicken Fremder ausgesetzt sieht.

Die Sonne verbrannte seine Augen; die endlose Weite des Sees bereitete ihm Angst. Er hatte Verlangen nach einem dunklen Winkel, nichts zu sehen, nichts zu hören.

Und abdrehend, steuerte er in ein Röhricht hinein.

Nicht weit. Der Bug fuhr auf; und der Mann warf sich, den Kopf in den Händen vergraben, auf den Boden seines Boots.

Lange Zeit blieben die Vögel stumm; jedes Geräusch im Rohr erstarb, als schwiege das im Dickicht verborgene Leben aus Schreck über dieses wilde Stöhnen, dieses stoßweise Ächzen.

Der Elende weinte. Aufgerüttelt aus dem Stumpfsinn, der ihn in völliger Empfindungslosigkeit erhalten hatte, sah er sein Verbrechen vor sich, als hätte er es eben erst begangen. Gerade als er wähnte, die Erinnerung an seine Freveltat auslöschen zu können, ließ das Geschick sie wieder aufleben, warf sie zurück unter seine Augen – und in welcher Form!

Die Gewissenspein weckte in ihm die Instinkte des Vaters.

Dieses dem See überlassene Wesen war die Frucht seiner Leidenschaft; dieses Fleisch, jetzt ein Tummelplatz für Blutegel und Würmer, war sein Fleisch und Blut!

Die Ungeheuerlichkeit seines Verbrechens erdrückte ihn. Keine Entschuldigungen mehr, keine Ausflüchte wie sonst, um sich selbst sein Tun zu verhehlen! Er war ein Lump, nicht wert weiterzuleben, ein trockener Zweig am Baum der Palomas, der, wohl rauh und kantig, immer aufrecht und stark, immer gesund gewesen war. Der schlechte Zweig mußte verschwinden. Der Großvater verachtete ihn mit Recht. Sein Vater tat gut daran, ihn abzuschütteln. Sogar Borda mit ihrer schimpflichen Herkunft hatte mehr von den Palomas in sich als er.

Was hatte er in seinem ganzen Leben getan? Nichts! Sein Wille zeigte sich nur stark, um die Arbeit zu fliehen. Dieser einfältige Tropf von Sangonera war ein besserer Mensch als er; denn während Sangonera, allein in der Welt, ohne Familie, mit der süßen Unbekümmertheit der Vögel untätig dahinlebte, ohne Bedürfnisse in seiner harten Vagabundenexistenz, verzehrte er selbst sich, die Pflicht scheuend, in heißer Gier nach Wohlleben, wollte reich sein, folgte krummen Pfaden, mißachtete den Rat seines Vaters, der die Gefahr erkannte, und von unwürdiger Trägheit stürzte er schließlich ins Verbrechen!

Noch eine andere, blutigere Wunde peinigte den Unglücklichen. Sein Selbstbewußtsein als Mann litt grausame Qualen. Er sah in der Ferne die Vergeltung: die Zwangsarbeit, vielleicht – wer konnte es wissen? – den Galgen. Gut, er lehnte sich nicht dagegen auf. Doch dann wenigstens als Strafe für etwas, das dem Starken entspricht, für einen

Kampf mit dem anderen, für einen Totschlag Auge in Auge. Aber ein neugeborenes Kindchen umbringen, das keine andere Verteidigung hat als sein Weinen? Vor der Welt bekennen, daß er, der ehemalige Guerrillero, vor dem die Männer sich duckten, daß er, um zum Verbrecher zu werden, nur gewagt hatte, sein eigenes Kind zu ermorden?

Er weinte, weinte bitter, gemartert durch sein Gewissen wie durch die Scham über seine feige Niederträchtigkeit.

In diesem düsteren Brüten blitzte wie ein heller Punkt ein Gedanke auf, der ihn in etwas mit sich selbst versöhnte.

Nein, im Grunde war er nicht schlecht, nur schwach. Die wahre Schuldige war Neleta, die, stärker als er, ihn unterjochte, deren eiserner Wille den seinen untergrub. Wäre er doch nie diesen Augen gefolgt, die ihm bei der Rückkehr von Kuba sagten: «Nimm mich! Ich bin reich, der Traum meines Lebens ist erfüllt, nur du fehlst mir noch!» Ah, diese Verführerin, diese habgierige Frau mit der Maske der Liebe, die sein Führer wurde zum Verbrechen!

Ein roter Schleier fiel vor Tonets Augen, und mitten in seiner Reue stieg in ihm Mordlust auf, das Begehren, diejenige zu töten, die er jetzt als seine schlimmste Feindin ansah.

Wozu aber ein neues Verbrechen?

Hier in der Einsamkeit, fern jedem Blick, fühlte er sich besser. Hier wollte er bleiben, für immer.

Vielleicht verbreitete sich zu dieser Stunde schon in Palmar die Kunde von dem fürchterlichen Fund. Der Großvater würde nichts sagen, warum jedoch sollte dieser Fremde aus Valencia schweigen? Man würde nachforschen, eine Untersuchung vornehmen, die Gendarmen von Ruzafa senden. Diese Blicke! Ah, sie würden ihn in die Enge treiben, bis zum Geständnis. Und wenn er es fertigbringen sollte, sich herauszureden, was dann? Zu Neleta zurück?

Nein! Es war alles zu Ende!

Tonet weinte nicht mehr.

Mit einer letzten, höchsten Willensanstrengung riß er sich los von seinem qualvollen Grübeln.

Am Bug lag Cañamels Flinte. Tonet betrachtete sie mit ironischem Lächeln. «Wie würde der lachen, wenn er mich jetzt sähe!»

Und zum erstenmal gebrauchte der im Schatten des Schankwirts gemästete Parasit etwas von dem, was er usurpiert hatte, für eine gute Tat.

Ganz ruhig, automatisch, streifte er die rechte Sandale ab und schleuderte sie weit fort. Dann spannte er beide Hähne der Flinte, knöpfte seine Bluse auf und beugte sich nach vorn, bis seine Brust auf der Mündung des Doppellaufs lag.

Der nackte Fuß glitt sacht am Kolben hoch, auf der Suche nach dem Abzug. Plötzlich dröhnten zwei Schüsse, so daß auf allen Seiten die Vögel des Dickichts in tollem Schrecken davonflatterten.

Der alte Paloma kehrte erst spätabends nach Palmar zurück. Er hatte seinen Jäger, der so rasch wie möglich vom See fort wollte, in Saler abgesetzt. Der friedliche Bürger, Vater einer zahlreichen Nachkommenschaft, schwor, daß er nie wiederkommen würde.

«Bei zwei Jagdausflügen zwei böse Ereignisse! Die Albufera birgt für mich nur grausige Überraschungen, und die zweite hat mir den Rest gegeben. Ich bin sicher, daß ich mich zu Hause sofort ins Bett legen muß.»

Er selbst riet dem Alten dringend absolute Verschwiegenheit an:

«Daß Ihnen kein Wörtchen entschlüpft! Wir haben nichts gesehen. Sagen Sie auch dem armen Jungen, dem Tonet, der sich vor lauter Schreck davonmachte, er soll den Mund halten. Der See hat sein Geheimnis wieder verschluckt, und es wäre töricht, davon zu sprechen, da man doch weiß, wie die Justiz Unschuldigen den Kopf heiß macht, wenn sie dumm genug sind, sie anzurufen. Ehrbare Leute sollten jeden Kontakt mit den Vertretern des Gesetzes vermeiden.»

Und der würdige Señor stieg in Saler nicht eher in seine Kutsche, bis ihm Paloma, der immer nachdenklicher wurde, mehrere Male hoch und heilig versprochen hatte, daß er stumm sein würde.

Als der Alte bei Einbruch der Nacht in Palmar landete, machte er am Kanalufer die beiden Boote fest, mit denen sie am Morgen ausgefahren waren. Dann betrat er die Taverne.

Neleta, allein hinter ihrem Schanktisch, suchte mit ihren Augen nach Tonet. Paloma verstand die Frage in ihrem Blick.

«Erwarte ihn nicht», sagte er bitter. «Er kommt nicht wieder!»

Und mit auffälliger Betonung erkundigte er sich, ob sie sich besser fühle.

Die Wirtin zuckte zusammen; sie erriet, daß er ihr Geheimnis kannte.

«Aber... und Tonet?» stammelte sie mit gepreßter Stimme.

Der Alte sah von ihr fort, als fürchtete er, ihr Anblick könnte ihm seine erzwungene Ruhe rauben.

«Tonet wird nie wiederkommen. Er ist geflohen. Weit, weit fort in ein Land, aus dem man nicht zurückkehrt. Das Beste, was er tun konnte. So ist alles in Ordnung und bleibt verborgen.»

«Und Sie? Und Sie?» keuchte Neleta.

Paloma schlug sich mit der Faust auf die Brust.

«Ich werde schweigen. Unser Name, seit Jahrhunderten geachtet, soll nicht wegen eines Liederjans und wegen einer Hündin durch den Dreck gezogen werden.»

Doch dann brach seine Erbitterung durch.

«Weine, du Canaille! Weine! Dein ganzes Leben müßtest du weinen, weil du meine Familie zugrunde gerichtet hast. Behalte dein Geld! Ich bin keiner von denen, deren Schweigen man erkaufen kann. Und wenn du wissen willst, wo dein Liebster ist, so brauchst du nur den See anzuschauen. Die Albufera, unser aller Mutter, wird das Geheimnis so getreulich bewahren wie ich.»

Erschüttert hörte Neleta diese Enthüllung. Aber ihre ungeheure Bestürzung hinderte sie nicht, den Greis, von dessen Schweigen ihre Zukunft abhing, mit argwöhnischen Augen zu mustern.

«Du kannst deinen Reichtum genießen! Ich werde schweigen», wiederholte er nochmals.

Grausig war die Nacht in der Hütte der Palomas. Bei dem dürftigen Schein der kleinen Lampe saßen sich Großvater und Vater gegenüber und sprachen mit dem Ernst von Männern, die sich, durch die Verschiedenheit ihrer Veranlagung getrennt, nur unter dem Druck des Unglücks näherkommen können.

Der Alte gebrauchte keinerlei Schonung, um seinen Sohn zu informieren.

«Ich habe den Jungen tot aufgefunden. In der Brust zwei Schüsse, lag er im Schlamm neben seinem Boot. Die Füße guckten aus dem Wasser heraus.» Toni zwinkerte kaum mit den Lidern. Nur seine Lippen preßten sich krampfhaft aufeinander, und die Hände ballten sich zur Faust.

Doch aus dem dunklen Winkel, in dem sich die Küche befand, kam ein Wehruf, durchdringend, schneidend.

«Ruhig, Kleine!» gebot der Alte herrisch.

«Schweig, Borda!« sagte der Vater.

Und die Unglückliche schluchzte leise vor sich hin, gehemmt durch diese beiden Männer mit eisernem Willen, die auch unter den schwersten Schicksalsschlägen die Fassung nicht verloren.

In großen Zügen erzählte der Großvater jetzt die Vorgänge: das Erscheinen Centellas mit ihrer gräßlichen Beute, Tonets Flucht, dann, in trüber Ahnung, seine eigene Durchsuchung des Dickichts nach der Rückkehr von Saler, und endlich die Entdeckung des Leichnams.

«Das andere habe ich erraten. Ich dachte an Tonets rätselhaftes Verschwinden am Vorabend der großen Jagd, an Neletas blasses, leidendes Aussehen seit damals, und da reimte ich mir alles zusammen: die heimliche Entbindung und die Beseitigung des Kindes.»

Der Alte fühlte sich erleichtert, als er sein Geheimnis losgeworden war.

«Von Neleta», fuhr er enttäuscht fort, «die den Jungen zum Verbrechen trieb, um ihr Geld zu behalten, von dieser geilen Hündin will ich nicht sprechen. Was mich empört, ist Tonets niederträchtige Feigheit. Erst tötet er dieses unschuldige Wurm, und dann aus Angst vor den Folgen sich selbst. Anstatt einzustehen für seine Tat, schießt sich dieser ‹Señor› zwei Ladungen Blei in die Brust, weil es leichter ist zu verschwinden, als die Strafe zu erleiden. Wie immer hat er sich auch diesmal den bequemsten Weg gesucht. Cristo, was für Zeiten! Was für eine Jugend!»

Sein Sohn hörte stumm zu. Unbeweglich saß er da, den Kopf tief gesenkt, als wären die Worte seines Vaters ebenso viele Schläge, die ihn für immer niederschmetterten.

Borda jammerte von neuem.

«Ruhe! Ich sagte: Ruhe!» gebot Toni.

In seiner grenzenlosen, stummen Pein konnte er es nicht ertragen, daß andere sich Erleichterung durch Tränen verschafften, die ihm versagt waren. Endlich sprach er. Seine Stimme bebte nicht, doch sie war verschleiert durch den rauhen Klang der Erregung.

«Dieser schimpfliche Tod ist das würdige Ende seines verpfuschten Lebens. Ich habe es ihm vorausgesagt, daß es schlimm endigen würde. Für den, der arm geboren wird, ist Trägheit ein Verbrechen. So hat es Gott geregelt, und damit muß man sich abfinden. Aber ach! Er ist mein Sohn, Fleisch von meinem Fleisch!»

Seine unbeugsame Rechtschaffenheit, die lautere Geradheit des Ehrenmannes, die nichts Beklagenswertes in der Katastrophe sah, befand sich in Zwiespalt mit seinem Herzen, ein ungeheurer Schmerz wühlte in seiner Brust, als hätte man ihm ein Teil seines Innersten herausgerissen und den Aalen der Albufera zur Atzung hingeworfen.

«Ich will ihn noch ein letztes Mal sehen, hörst du, Vater? Ich will ihn noch einmal in den Armen halten wie früher als kleinen Buben, wenn ich ihm erzählte, daß sein

Vater arbeitete, um ihn zum Herrn vieler, vieler Reisfelder zu machen.

Vater! Vater!» bat er mit erstickter Stimme. «Wo ist er?»

«Laß die Sachen, wie sie der Zufall geordnet hat», versetzte der Greis erbost. «Es ist ein Wahnsinn, etwas daran ändern zu wollen. Nur keinen Skandal und keinen Versuch, den Schleier zu lüften! So wie es ist, ist es gut: nichts kann entdeckt werden! Wenn die Leute Tonet nicht mehr sehen, werden sie glauben, daß er Abenteuer sucht wie damals, als er nach Kuba ging. Der See bewahrt sein Geheimnis. Jahre können vergehen, ehe jemand an dem Fleck vorbeikommt, wo der Leichnam liegt, und die Pflanzen der Albufera werden alles bedecken. Geben wir aber seinen Tod bekannt, so will jeder mehr erfahren; die Justiz wird sich einmengen, wird die Wahrheit ausfindig machen, und anstatt eines verschwundenen Paloma, dessen Schande wir allein kennen, gibt es einen ehrlosen Paloma, der Selbstmord beging aus Angst vor Zuchthaus oder Galgen.

Nein, Toni, laß ab! Für die kurze Zeit, die mir noch bleibt, mußt du den Willen des Vaters respektieren. Meine letzten Tage darfst du nicht durch Schande verbittern. Ich will mit den Fischern ruhig mein Glas trinken und ihnen ohne Scham ins Auge sehen können.»

Ärgerlich über Bordas trostloses Schluchzen, fuhr er das Mädchen an:

«Willst du die Nachbarn aufmerksam machen und uns alle ins Unglück stürzen?»

Die Nacht war endlos, schwer von tragischem Schweigen. Die Dunkelheit der Hütte schien sich noch zu verdichten, als wenn die schwarzen Flügel des Unheils ihren Schatten auf sie würfen.

Mit dem Egoismus des Greises, der seine Ruhe haben will, schlief der Großvater auf seinem kleinen, grasgepolsterten Stuhl, während die unnatürlich weit geöffneten Augen seines Sohnes starr auf die gleitenden Schatten gerichtet waren, die das flackernde Licht der offenen Lampe auf die Wand malte.

Es kam ein Moment, in dem Toni, wie aus einem Schlaf erwachend, jählings auffuhr. Er ging zur Tür, öffnete sie und schaute nach den Sternen: Mitternacht war vorüber. Und der Frieden der Nacht schien in ihn einzudringen und seinen Entschluß zu festigen.

Er rüttelte den Alten so lange, bis der erwachte.

«Vater, Vater!» flehte er. «Wo liegt er?»

Der Großvater war wütend. «Laß mich in Ruhe! Ich will schlafen!»

Doch Toni bettelte weiter.

«Denk daran, daß es dein Enkel ist. Jeden Augenblick stelle ich mir vor, wie er dort im Morast liegt, im Wasser fault, von Tieren benagt wird, ohne Grab, das selbst die Elendesten bekommen, sogar Sangonera, der keinen Vater besaß. Oh! Sein Leben lang sich schinden, damit der einzige Sohn es einmal besser hat, und ihn dann preisgeben wie einen toten Hund, den man in die Albufera wirft! Vater, das darf nicht sein! Das ist grausam! Ich würde nie den Mut haben, auf dem See zu fahren – immer müßte ich denken, daß mein Boot vielleicht über die Leiche meines Kindes glitte...

Vater, Vater!» drängte er, den halb eingeschlafenen Alten von neuem schüttelnd.

Der alte Fischer machte eine Bewegung, als wolle er zuschlagen. «Was? Noch einmal soll ich nach dieser Memme fahren? Soll noch einmal den Schlamm umrühren auf die

Gefahr hin, unsere Schande öffentlich zu machen? Zum Teufel, laß mich schlafen!»

«Ich werde allein hinfahren», beharrte Toni, «nur nenne mir um Gottes willen die Stelle. Wenn nicht, bin ich fähig, solange ich lebe den See zu durchstöbern – und sollten auch die Leute das Geheimnis erfahren.»

Ein Weilchen grübelte der Alte. Endlich sagte er:

«Im Dickicht von Bolodro. Du wirst Mühe haben, ihn zu finden.»

Und er schloß die Augen und lehnte den Kopf zur Seite, um den Schlaf fortzusetzen, aus dem er am liebsten nie wieder aufgewacht wäre.

Toni gab Borda ein Zeichen. Sie nahmen außer ihren Spaten auch die dreizackigen Gabeln zum Fang der großen Fische, steckten eine Laterne an und durchquerten das stille Dorf, um sich am Kanal einzuschiffen.

Während der ganzen Nacht fuhr der schwarze Kahn mit der Laterne am Bug im Röhricht umher, ein roter Stern, der durch die hohen Stengel irrte.

Kurz vor dem Morgengrauen erlosch das Licht. Nach Stunden mühseliger Suche hatten sie die Leiche entdeckt, noch genauso, wie sie vom Großvater gefunden wurde: den Kopf im Schlamm vergraben, die Füße aus dem Wasser ragend, die Brust eine zerfetzte, blutige Masse.

Als der Vater seinen Dreizack in diesen weichen Körper stieß, um ihn mit schier übermenschlicher Anstrengung aus dem saugenden Schlamm zu ziehen und ins Boot zu heben, glaubte er, seine eigene Brust zu durchbohren.

Dann kam die lange Fahrt, während der sie ängstlich wie Verbrecher, die überrascht zu werden fürchten, nach allen Seiten umherspähten. Borda stakte schluchzend am Bug, der Vater half ihr am Ende des Bootes, und zwischen diesen beiden starren Figuren, deren Silhouette sich schwarz von der verschwommenen Helle der Sternennacht abzeichnete, streckte sich die Leiche des Selbstmörders.

Sie legten am Rand von Tonis Feldern an, diesem künstlichen Boden, den ihre nimmermüden Arme Korb für Korb mit irrsinniger Hartnäckigkeit aufgeschüttet hatten.

Behutsam, als wäre er ein Kranker, der erwachen könnte, trugen sie den Körper an Land, um unverzüglich ein Grab auszuschaufeln. Noch vor einer Woche hatten sie Erde von allen Enden des Sees hierhergeschafft; jetzt hoben ihre Spaten dieses Erdreich aus, damit es die Schande der Familie verberge.

Der Tag brach an, als sie den Leichnam in das flache Grab legten, in das von überall Wasser hineinsickerte. Ein kaltes, bläuliches Licht ergoß sich über die Albufera und gab ihrer Oberfläche den harten Glanz des Stahls. Am grauen Himmel zogen im dreieckigen Zug die ersten Vogelschwärme.

Zum letztenmal sah Toni seinen Sohn an. Dann drehte er ihm den Rücken, als schämte er sich der Tränen, die seine Augen endlich von der unerbittlichen Starre erlösten.

Sein Leben war zu Ende. So viele Jahre Kampf mit dem See, in denen er wähnte, ein Vermögen zu sammeln, während er in Wirklichkeit, ahnungslos, das Grab seines Sohnes vorbereitete!

Er stampfte mit dem Fuß auf diese Erde, die das Beste, das Wesentlichste seines Lebens einschloß. Erst hatte er ihr seinen Schweiß, seine Kraft, seine Hoffnungen gewidmet; jetzt, da er sie nur noch zu befruchten brauchte, überlieferte er ihr, sein Werk beschließend, sein eigen Fleisch und Blut, den Sohn, den Erben.

Die Erde würde ihre Mission erfüllen: wie ein Meer kupferroter Ähren würde der Reis über Tonets Grab aufschießen. Aber er? Was blieb ihm in der Welt zu tun übrig?

Der Vater weinte angesichts der Öde, der Leere seines Daseins; angesichts der Einsamkeit, die ihn bis zum Tod erwartete, monoton, endlos, glatt wie dieser See, der vor seinen Augen schimmerte, ohne eine Barke, die seine Eintönigkeit unterbrochen hätte.

Und während Tonis Schluchzen wie ein Schrei der Verzweiflung die Stille des jungen Tages zerriß, beugte sich in seinem Rücken Borda, vor dem Mysterium des Todes zum erstenmal das Geheimnis ihres Lebens zu enthüllen wagend, tief hinab über das fahle Antlitz zu einem Kuß unendlicher Liebe, einer Liebe ohne Hoffnung.

Rowohlt Jahrhundert

Herausgegeben von Bernd Jentzsch

Eine Auswahl:

Band 40
Ivan Olbracht,
Der Räuber Nikola Schuhaj

Band 43
Charles-Louis Philippe,
Vater Perdrix

Band 56
Benjamin Constant,
Adolphe

Band 57
Thomas Pynchon,
Die Enden der Parabel

Band 58
Karl Zuchardt,
Der Spiessrutenlauf

Band 61
Vicente Blasco Ibañez,
Die Scholle

Band 62
Vladimir Nabokov,
Lushins Verteidigung

Rowohlt
Taschenbuch Verlag